U0121891

Adobe
Flash CS4

动画设计与制作技能案例教程

聂玉成 曹莹 主 编
韩新洲 白红 徐春雨 副主编

 印刷工业出版社

内容提要

本书采用案例制作组织内容，通过大量的实例训练，让学生掌握软件的使用方法和作品设计的工作流程，提升学生学习的兴趣。具有代表性的案例作品中还渗透了作品的设计思路和实现方法，使读者在学习"综合实例"的同时在"能力拓展"上得到更大的提升。

全书分为10章，包括Flash动画图形的绘制，Flash动画图形的编辑，文本内容的创建与编辑，图层和时间轴的应用，元件、库与实例的应用，时间轴基础动画的设计，音频与视频动画的制作，ActionScript特效动画设计，Flash组件的应用，影片后期处理全程设计等内容。

本书可作为各大中专院校"数字媒体艺术"相关专业的教材，还可以作为想从事动画设计工作的自学者的用书。

图书在版编目（CIP）数据

Adobe Flash CS4动画设计与制作技能案例教程/聂玉成，曹莹主编.
－北京：印刷工业出版社，2011.10
ISBN 978－7－5142－0259－5

Ⅰ.A… Ⅱ.①聂…②曹… Ⅲ.动画制作软件，FlashCS4－教材 Ⅳ.①TP391.41

中国版本图书馆CIP数据核字(2011)第185589号

Adobe Flash CS4动画设计与制作技能案例教程

主　　编：聂玉成　曹　莹

责任编辑：赵　杰
执行编辑：周　蕾　　　　　　　　　责任校对：郭　平
责任印制：张利君　　　　　　　　　责任设计：张　羽
出版发行：印刷工业出版社（北京市翠微路2号 邮编：100036）
网　　址：www.keyin.cn　　　　www.pprint.cn
网　　店：//shop36885379.taobao.com
经　　销：各地新华书店
印　　刷：北京佳艺恒彩印刷有限公司

开　　本：787mm×1092mm　　1/16
字　　数：334千字
印　　张：14.5
印　　数：1~4000
印　　次：2011年10月第1版　　2011年10月第1次印刷
定　　价：55.00元
ISBN：978－7－5142－0259－5

如发现印装质量问题请与我社发行部联系　发行部电话：010－88275602

丛书编委会

编委会主席：谢宝善

编委会副主席：赵鹏飞

主编：时延鹏

副主编：高　鸿

编委：（按照姓氏字母顺序排列）

白　红　　陈　亮　　方　圆　　郭俊玮　　韩新洲

何　芳　　霍　楷　　焦　玲　　李景顺　　李　霜

李　响　　刘本君　　刘　峰　　马大勇　　马李昕

马　桓　　聂丽伟　　聂玉成　　宁　蒙　　裴伟壮

沈启鲁　　时延辉　　王德成　　徐金凯　　易连双

袁志刚　　占孝琪　　张慧娇　　张　琦　　张照雨

赵　杰　　周　蕾

Flash CS4是Adobe公司的一款矢量动画制作和多媒体设计软件，其广泛应用于形象设计、广告设计、电子贺卡、游戏设计、MV制作、多媒体课件等方面。本书从文档新建操作开始，逐一对绘图工具、编辑工具、图层、时间轴、元件、库、逐帧动画、补间动画、遮罩动画、音视频特效、ActionScript动画设计基础、组件以及动画后期处理等知识进行了详细介绍。

本书特点

◎ **综合实例**

针对每个知识点和技术给出一个具体的任务，通过任务导入和任务分析，读者可依据详细的操作步骤完成任务，轻松学习。

◎ **知识解析**

对每章任务涉及的基本知识点和技巧，通过"基础知识解析"环节进行提炼，便于读者更好的掌握Flash动画设计的基本知识。

◎ **能力拓展**

读者在理解基本知识的基础上，通过"触类旁通"环节进一步巩固和加深知识点和技巧的应用，达到举一反三的效果。

◎ **模拟考题**

本书结合认证设计师考核标准，通过"认证知识必备"环节检验读者知识点掌握程度，逐步达到认证考核要求。

本书的配套资源

本书配备了书中实例的素材文件及最终效果文件，读者可以利用素材文件进行实例制作，并对照提供的最终效果文件进行制作效果的检验。

本书读者对象

◎ **动画设计与制作人员**

◎ **动画设计培训班学员**

◎ **动画设计自学读者**

由于编者水平有限，加上创作时间仓促，疏漏之处在所难免，希望广大读者和同行批评指正。

编　者

2011年7月

目录 # Contents

目录 | Contents

第1章　Flash动画图形的绘制

1.1　任务题目

通过绘制人物卡通形象和背景图形，使读者掌握Flash CS4中的绘图工具、颜色工具以及选择对象工具的使用方法，并能够在动画制作中灵活应用这些工具绘制出丰富多彩的图形，以使动画更炫、更酷。

1.2　任务导入

图形是Flash动画的主要组成部分，它作为Flash动画中最直观的载体，在动画设计过程中起到了重要作用，可以说图形质量的高低直接影响到动画的品质。本章将通过绘制人物形象与背景图形，详细介绍Flash动画中图形的绘制。

1.3　任务分析

1．目的

了解中文版Flash CS4的工作界面与图形图像的基础知识，掌握绘图工具、颜色工具及选择对象工具的使用方法，并能够借助辅助工具精确绘制图形。

2．重点

（1）绘图工具的使用方法。

（2）颜色工具及面板的使用。

（3）选择对象工具的使用方法。

3．难点

（1）钢笔工具的应用。

（2）颜色面板的应用。

1.4　技能目标

（1）掌握绘图工具、颜色工具、选择对象工具等的使用方法。

（2）能够综合应用绘图工具绘制丰富的图形。

1.5 ■ 任务讲析

1.5.1 实例演练——绘制人物卡通形象

01 新建一个Flash文件，选择钢笔工具，在舞台中确定起点，然后在其右侧单击鼠标左键并拖曳鼠标，如图1-1所示。

02 在舞台上依次创建其他锚点，当鼠标指针移至起点位置时，鼠标指针的右下方出现一个小圆圈，如图1-2所示。

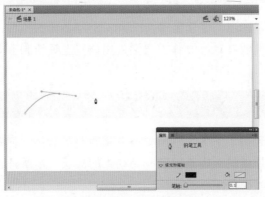

图1-1 选择钢笔工具确定起点　　　　　　图1-2 创建其他锚点

03 在鼠标指针的右下方出现小圆圈时，单击鼠标左键，创建闭合曲线，如图1-3所示。

04 将鼠标指针移到两锚点间的曲线上，当指针的右下角出现一个小加号时，单击鼠标左键，添加一个锚点，如图1-4所示。

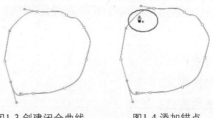

图1-3 创建闭合曲线　　　图1-4 添加锚点

05 按住"Ctrl"键的同时在添加的锚点上单击鼠标左键，调出控制柄，拖曳控制柄，调整曲线的弧度。用同样的方法调整其他锚点以控制曲线的形状，以绘制人物的脸部轮廓，如图1-5所示。将"图层1"更名为"脸"。

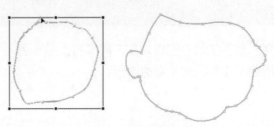

图1-5 调整曲线的形状

06 执行"插入">"时间轴">"图层"命令，新建"五官"图层。参照脸部轮廓的绘制方法，使用钢笔工具绘制人物的五官轮廓，如图1-6所示。

07 新建"头发1"图层，用同样的方法绘制人物的头发轮廓，如图1-7所示。

图1-6 绘制人物的五官轮廓

图1-7 绘制头发轮廓

08 新建"头发2"图层，绘制人物头发的其他部分，如图1-8所示。

09 使用选择工具双击脸部轮廓将其选中，选择颜料桶工具，设置其填充色为"皮肤色"（#FCCCB8），如图1-9所示。

图1-8 绘制头发轮廓的其他部分

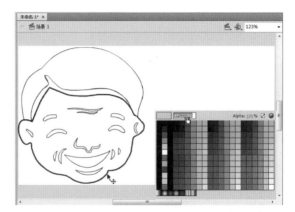

图1-9 选中脸部轮廓

10 将颜料桶工具移至舞台中的脸部轮廓区域，单击鼠标左键填充颜色，如图1-10所示。

11 保持脸部轮廓为选择状态，单击"笔触颜色"按钮，在弹出的颜色调板中选择无色，如图1-11所示。

图1-10 填充脸部皮肤颜色

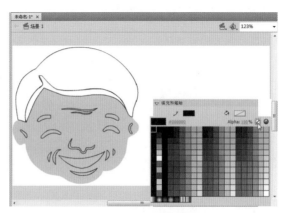

图1-11 去除脸部的笔触颜色

⑫ 参照脸部轮廓的颜色填充，对头像的五官轮廓进行颜色填充，并去除笔触颜色，如图
1-12所示。

⑬ 参照脸部轮廓的颜色填充，对头像的头发轮廓进行颜色填充，并去除笔触颜色，如图
1-13所示。

图1-12 填充五官轮廓颜色　　　　图1-13 填充头发颜色

⑭ 使用选择工具选择绘制好的头像，执行"复制"命令，如图1-14所示。新建"头像2"
图层，执行"编辑">"粘贴到当前位置"命令，粘贴复制的图形，如图1-15所示。

图1-14 复制图像　　　　　　　　　　图1-15 粘贴图像

⑮ 保持粘贴的图形为选择状态，执行"修改">"变形">"水平翻转"命令，水平翻转
图形，如图1-16所示。

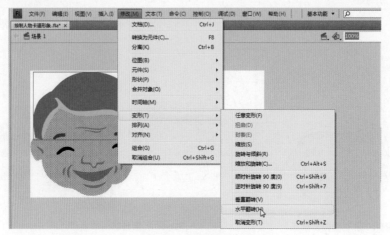

图1-16 水平翻转

⑯ 保持翻转后的头像为选择状态，将其水平向右移动，调整"头像2"的图形位置，如图1-17所示。

⑰ 新建"眼镜"图层，使用椭圆工具在"头像2"图像的眼睛上绘制两个椭圆。使用任意变形工具分别调整两个椭圆的形状，将其变成镜框的形状，如图1-18所示。

图1-17 调整图像位置

图1-18 绘制镜框

⑱ 使用线条工具在镜框间、镜框的两侧绘制直线，并将镜框间的直线转换为有弧度的曲线。导入并添加背景位图，放置到最底层，如图1-19所示。至此，人物头像绘制完成，保存该文档即可。

图1-19 绘制线条、添加背景

1.5.2 基础知识解析

1.中文版Flash CS4的工作界面

　　双击桌面上的Flash图标，或执行"开始">"程序">"Flash"命令，或双击FLA格式的Flash文档，均可启动中文版Flash CS4程序。启动程序后，进入中文版Flash CS4的工作界面，如图1-20所示。

图1-20 Flash CS4的工作界面

Flash CS4的工作界面主要包括标题栏、菜单栏、舞台和工作区、时间轴、工具栏和一些常用的面板，下面将分别介绍Flash工作界面中的各组成部分。

（1）标题栏

Flash CS4的标题栏上主要包括软件名称、基本功能、"搜索"文本框和窗口控制按钮 — □ × 信息。

（2）菜单栏

菜单栏主要由"文件"、"编辑"、"视图"、"插入"、"修改"、"文本"、"命令"、"控制"、"调试"、"窗口"和"帮助"菜单组成，Flash中的所有命令都可以从这些菜单中找到。

（3）工具栏

在Flash CS4的工作界面中，工具栏默认位于窗口的右侧（也可将其拖动到其他任意位置单独显示，如图1-21所示）。用户可以使用工具栏中的工具进行绘图、填充颜色、选择对象和修改对象等，并可以更改舞台中的视图，各种绘图工具的使用方法将在以后的学习中逐一详细讲解。

（4）舞台和工作区

动画是在场景中制作完成的，而场景中又包括舞台和工作区，就像拍电影一样，摄影棚可以理解为场景，而镜头对准的地方就是舞台。舞台是用户在创建Flash文档时放置图形对象的矩形区域，这些图形对象可以是任意的对象，工作区就是舞台周围的灰色区域，可以暂时性地存放对象，但是在测试影片时处于工作区中的对象不会显示出来，显示的只是舞台区域中的对象，如图1-22所示。

图1-21 "工具"面板

图1-22 舞台和工作区

（5）时间轴

时间轴是显示图层与帧的一个面板，控制着整个影片的播放和停止，用于组织和控制文档内容在一定时间内播放的帧数。Flash动画与传统的动画原理相同，按照画面的顺序和一定的速度播放影片，每一帧包含不同的画面。这些画面是一组连贯动作的分解画面，按照一定顺序在时间轴中排列，连续播放就好像动起来一样。时间轴上的各帧就如同电影中的胶片，影片的长度由帧数决定。图层就像堆叠在一起的多张幻灯片，每个图层都包含一个舞台中的图像。时间轴主要由图层、帧和播放头组成。

文档中的图层排列在时间轴的左侧，而每个图层中包含的帧显示在该图层名的右侧，如图1-23所示。

图1-23 时间轴

（6）其他面板

Flash提供了20多个控制面板，帮助用户快速执行特定的命令，如"颜色"面板、"库"面板、"属性"面板等。通过这些面板可以使操作更加便捷，而将所有的面板都显示在界面上是不现实的，有效地组织这些面板的显示可以得到更多的操作空间。

2.图形图像的基础知识

Flash是进行动画制作及图像处理的软件。因此，在使用Flash之前，需要了解一些图形图像处理方面的基础知识，如图像的像素和分辨率、矢量图和位图。

（1）图像的像素和分辨率

像素是构成图像的最小单位，是图像的基本元素。把影像放大数倍，就会发现这些连续色调其实是由许多色彩相近的小方点所组成的，这些小方点就是构成影像的最小单位"像素（pixel）"。这种最小的图形单元能在屏幕上显示单个的染色点。越高位的像素拥有的色板越丰富，就越能表达颜色的真实感。

分辨率是指单位区域内所含像素点的数量，单位为"像素每英寸（pixel/inch）"。分辨率是屏幕图像的精密度，用于指示显示器所能显示像素的多少。由于屏幕上的点、线和面都是由像素组成的，显示器可显示的像素越多，画面就越精细，同样的屏幕区域内能显示的信息越多，所以分辨率是一个非常重要的性能指标。如果把整个图像想象成一个大型的棋盘，那么分辨率的表示方式就是所有经线和纬线交叉点的数目。由此可见，图像的分辨率可以改变图像的精细程度，直接影响图像的清晰度。也就是说，图像的分辨率越高，图像的清晰度越高，图像占用的存储空间也越大。

（2）矢量图和位图

矢量图也称面向对象绘图，是用数学方式描述的曲线及曲线围成的色块制作的图形。它们在计算机内部表示为一系列的数值，而不是像素点。这些数值决定了图形如何在屏幕上显示。

矢量图形尤其适用于标志设计、图案设计、文字设计、版式设计等，它所生成的文件也会比位图文件小一点。

用户所绘制的每一个图形，打的每一个字母都是一个对象，每个对象都决定了其外形的路径。因此，可以自由地改变对象的位置、形状、大小和颜色。同时，由于这种保存图形信息的办法与分辨率无关，因此无论放大或缩小多少，都具有同样平滑的边缘、一样的视觉细节和清晰度，如图1-24和图1-25所示。

常见的矢量图绘制软件有CorelDraw、Illustrator、Freehand等。

图1-24 图形放大前　　　　　　　图1-25 图形放大后

位图也称像素图，由像素或点的网格组成。与矢量图形相比，位图的图像更容易模拟照片的真实效果。其工作方式就像是用画笔在画布上作画一样。如果将这类图形放大到一定的程度，就会发现它是由一个个小方格组成的，这些小方格被称为像素点，如图1-26和图1-27所示。

图1-26 图像放大前　　　　　　　图1-27 图像放大后

像素点是图像中最小的图像元素。一幅位图图像包括的像素点可以达到上百万个。因此，位图的大小和质量取决于图像中像素点的多少，通常，每平方英寸的面积上所含像素点越多，颜色之间的混合也越平滑，同时文件也越大。

常见的位图编辑软件有Photoshop、Painter等。

3.辅助工具的使用

在Flash CS4中制作动画时，常常需要对某些对象进行精确定位，这时可使用标尺、网格、辅助线这3种辅助工具来定位对象。

（1）标尺

执行"视图"＞"标尺"命令或按"Ctrl＋Alt＋Shift＋R"组合键，即可将标尺显示在编辑区的上边缘和左边缘处，如图1-28所示。在显示标尺的情况下，移动舞台上的对象，将在标尺上显示刻线，以指出该对象的尺寸。若再次执行"视图"＞"标尺"命令或按相应的组合键，则可以将标尺隐藏。

默认情况下，标尺的度量单位是像素。如果需要更改标尺的度量单位，可通过执行"修改"＞"文档"命令，在打开的"文档属性"对话框中的"标尺单位"下拉列表框中选择相应的单位，如图1-29所示。

图1-28 显示标尺

图1-29 "文档属性"对话框

（2）网格

使用网格可以更加精确地排列对象，或绘制一定比例的图像，并且还可以对网格的颜色、间距等参数进行设置，以满足不同的要求。

在Flash CS4中，执行"视图"＞"网格"＞"显示网格"命令或按"Ctrl＋'"组合键，显示网格，如图1-30所示。若再次选择命令或按组合键，则可将网格隐藏。

执行"视图"＞"网格"＞"编辑网格"命令或按"Ctrl＋Alt＋G"组合键，打开"网格"对话框，如图1-31所示，在该对话框中可以对网格的颜色、间距进行编辑。

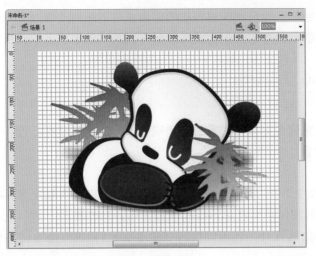

图1-30 显示网格　　　　　　　　　　　　　图1-31 "网格"对话框

（3）辅助线

使用辅助线可以对舞台中的对象进行位置规划，对各个对象的对齐和排列情况进行检查，还可以提供自动吸附功能。使用辅助线之前，需要将标尺显示出来。在标尺为显示状态下，使用鼠标分别在水平和垂直的标尺处向舞台中拖动，就可以从标尺上拖出水平和垂直辅助线。

执行"视图"＞"辅助线"＞"显示辅助线"命令或按"Ctrl＋；"组合键，将显示辅助线，如图1-32所示。再次执行命令或按组合键即可隐藏辅助线。辅助线的属性也可以进行自定义，执行"视图"＞"辅助线"＞"编辑辅助线"命令，即可打开"辅助线"对话框，如图1-33所示。在该对话框中可以对辅助线进行编辑，如锁定、隐藏、贴紧至辅助线，全部清除辅助线，更改辅助线颜色等。

图1-32 显示辅助线　　　　　　　　　　　图1-33 "辅助线"对话框

若单击"颜色"选项后的颜色井，则可以打开调色板，从而对辅助线的颜色进行选择；若选中或撤销"显示辅助线"复选项，则可以实现对辅助线的显示或隐藏；若单击

"全部清除"按钮，则可以从当前场景中删除所有的辅助线；若单击"保存默认值"按钮，则可以将当前设置保存为默认值。

4.绘图工具

使用矢量运算的方式产生出来的影片占用存储空间较小，因此在Flash动画制作中会应用大量的矢量图。Flash提供了各种工具来绘制自由形状或准确的线条和路径，如图1-34所示。下面将具体介绍这些工具的使用方法。

图1-34 工具箱

（1）线条工具

线条工具是专门用来绘制直线的工具，是Flash中最简单的绘图工具。使用线条工具可以绘制出各种直线图形，并且可以选择直线的样式、粗细程度和颜色。调用线条工具的方法有两种：一是选择工具箱中的线条工具；二是按"N"键。选择工具箱中的线条工具，然后在舞台中单击鼠标左键并拖曳，当直线达到所需的长度和斜度时，释放鼠标左键即可。

选择线条工具后，在其对应的"属性"面板中可以设置线条的基本属性，如图1-35所示。

其中，各主要选项的含义如下。

- ❖ ：笔触颜色，用于设置线条的颜色。单击颜色按钮，在弹出的颜色列表框中可以选择线条的颜色。
- ❖ ：填充颜色，当前填充颜色为不可用，因为线条没有填充颜色。
- ❖ 笔触：用于设置线段的粗细。拖动滑块或在文本框中直接输入数值，可以调整线条的粗细。
- ❖ 样式：用于设置线段的样式，单击右侧的按钮或小三角形，在弹出的列表中可以选择需要的样式，如图1-36所示。

图1-35 "属性"面板

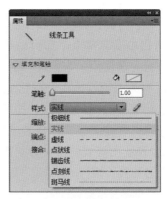

图1-36 笔触样式

- ❖ "编辑笔触样式"按钮 ：单击该按钮，将打开如图1-37所示的"笔触样式"对话框，从中可以对线条的缩放、粗细、类型等进行设置。
- ❖ 缩放：用于设置在Player中包含笔触缩放的类型。单击右侧的按钮或小三角形，在弹出的列表中可以选择需要的类型，如图1-38所示。

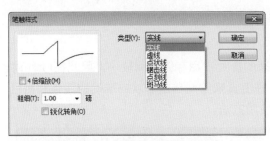

图1-37 "笔触样式"对话框

图1-38 缩放类型

✦ 提示：选中该复选框，可以将笔触锚记点保持为全像素，防止出现模糊线。

✦ 端点：用于设置线条端点的形状，包括"无"、"圆角"和"方形"三种，如图1-39所示。

✦ 接合：用于设置线条之间接合的形状，包括"尖角"、"圆角"和"斜角"三种，如图1-40所示，当选择"尖角"时，可设置尖角参数。

图1-39 端点类型

图1-40 接合类型

小知识：线条工具

线条工具配合选择工具可以非常方便地绘制图形，在实际制作过程当中也是很常用的。用户在绘制完一根线条后按住"Ctrl"键可以直接使用选择工具，松开按键后恢复使用线条工具或者直接使用选择工具选择线条，均可在"属性"面板中对线条进行修改。

（2）铅笔工具

在使用铅笔工具 ✐ 绘制形状和线条的方法几乎与使用真实的铅笔相同。用户调用铅笔工具的方法有两种：一是选择工具箱中的铅笔工具 ✐；二是按"Y"键。

铅笔工具的自由度非常大，它可以在"拉直"、"平滑"以及"墨水"3种模式下进行工作，非常适合习惯使用手写板进行创作的人员。

单击选项区中的"铅笔模式"按钮 ⌐ 右下角的小三角形，弹出如图1-41所示的下拉菜单，其中显示了铅笔工具的3种模式，即伸直、平滑和墨水。用户可以选择其中的任意一种绘图模式，将其应用到形状和线条上。

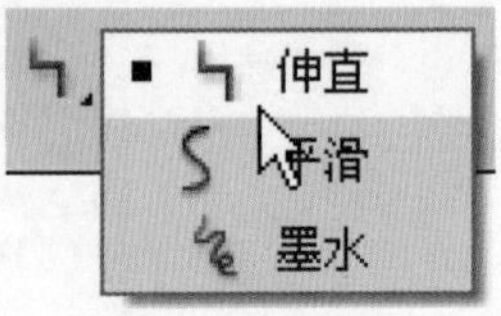

铅笔工具的3种绘图模式的含义分别如下：

✦ "伸直"按钮 ⌐ ：进行形状识别。如果绘制出近似的矩形、圆、直线或曲线，Flash将根据它的判断调整成规则的几何形状。

图1-41 3种模式

✦ "平滑"按钮 ⌐ ：可以绘制平滑曲线。在"属性"面板可以设置平滑参数。

✦ "墨水"按钮 ⌐ ：可以较随意地绘制各类线条，这种模式不对笔触进行任何修改。

（3）钢笔工具组

在Flash CS4中，要绘制精确的路径（如平滑流畅的曲线），可使用钢笔工具 ✎ 。使用钢笔工具绘画时，单击可以创建直线段上的点，而拖动可以创建曲线段上的点，并且可以通过调整线条上的点来调整直线段和曲线段。要想调用钢笔工具，可以直接选择工具箱中的钢笔工具 或者是按"P"键。

钢笔工具可以对绘制的图形具有非常精确的控制，并且可以对绘制的节点、节点的方向点等进行很好的控制。因此，钢笔工具适合于精准设计。

钢笔工具主要用于常见的复杂曲线条。它除了可以绘制图形，还可以进行路径节点的编辑，如调整路径、增加节点、将节点转化到角点以及删除节点等。

①画直线

选择"钢笔工具"后，每单击一下鼠标左键，就会产生一个锚点，并且与前一个锚点自动用直线连接。在绘制的同时，如果按下"Shift"键，则将线段约束为以45°的倍数方向上直接单击生成的锚点为角点。

结束图形的绘制时，可以采取多种方法终止。第一，在终点双击鼠标；第二，用鼠标单击"钢笔工具"；第三，按住"Ctrl"键单击鼠标。

如果将钢笔工具移至曲线起始点处，当指针变为 形状时单击鼠标左键，即连成一个闭合曲线，并填充默认的颜色。

②画曲线

钢笔工具最强的功能在于绘制曲线。添加新的线段时，在某一位置按住鼠标左键后，拖动鼠标，新的锚点与前一锚点用曲线相连，并且显示控制曲率的切线控制点。

③曲线点与转角点转换

若要将转角点转换为曲线点，可以使用"部分选取工具"选择该点，然后按住"Alt"键拖动该点来放置切线手柄；若要将曲线点转换为转角点，可用"钢笔工具"单击该点。

④添加锚点

若要绘制更加复杂的曲线，则需要在曲线上添加一些锚点。选择"钢笔工具"扩展栏中的"添加锚点工具"，笔尖对准要添加锚点的位置，指针的右上方出现一个加号标志，单击鼠标，则添加了一个锚点。

⑤删除锚点

删除角点时，钢笔的笔尖对准要删除的节点，指针的下方会出现一个减号标志，表示可以删除该点，单击鼠标即可删除。

删除曲线点时，用钢笔工具单击一次该曲线，将该曲线点转换为角点，再单击一次，将该点删除。

在钢笔工具的"属性"面板中，同样可以设置其属性，其操作类似于线条工具的属性设置，在此将不再赘述。

（4）矩形工具组

矩形工具组包括很多几何图形绘制工具，如矩形工具、椭圆工具、多角星形工具等。使用基本矩形工具组创建图形时，与使用对象绘制模式创建的形状不同，Flash会将形状绘制为独立的对象。下面详细介绍几种几何图形工具。

①矩形工具

矩形工具 可以用来绘制长方形和正方形。若想调用矩形工具，则可以选择工具箱中的矩形工具█或者按"R"键。

选择工具箱中的矩形工具，在舞台中单击鼠标左键并拖曳，当达到所需形状及大小时，释放鼠标即可绘制矩形或正方形。在绘制矩形之前或在绘制过程中，按住"Shift"键可以绘制正方形。

选择矩形工具后，在其对应的"属性"面板中可以设置属性，如填充和笔触。在矩形选项中，可以设置矩形边角半径，用来绘制圆角矩形，如图1-42所示。

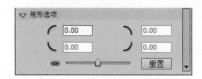

图1-42 矩形选项

矩形选项的含义如下：

✤ 矩形角半径控件：用于指定矩形的角半径。可以在每个文本框中输入内径的数值。输入负值，创建的则是反半径。还可以取消选择限制角半径图标，然后分别调整每个角半径。

✤ 重置：重置基本矩形工具的所有控件，并将在舞台上绘制的基本矩形形状恢复为原始的大小和形状。

②椭圆工具

椭圆工具█是用来绘制椭圆或者圆形的工具。在制作动画的过程中，其使用频率较高。恰当地使用椭圆工具，可以绘制出各式各样简单而又生动的图形。用户只需选择工具箱中的椭圆工具█或按"O"键即可调用该工具。

选择工具箱中的椭圆工具，在舞台中单击鼠标左键并拖曳，当椭圆达到所需形状及大小时，释放鼠标即可绘制出椭圆。在绘制椭圆之前或在绘制过程中，按住"Shift"键则可以绘制正圆。

使用椭圆工具，可以绘制圆、无边线的圆和无填充的圆，如图1-43所示。

图1-43 椭圆工具绘制的圆

椭圆工具同样具有填充和笔触属性，可以进行修改设置。在椭圆选项中，可以设置椭圆的开始角度、结束角度和内径等，如图1-44所示。

椭圆选项的含义如下。

✤ 开始角度和结束角度：用来绘制扇形以及其他有创意的图形。

✤ 内径：参数值由0到99，为0时绘制的是填充的椭圆；为99时绘制的是只有轮廓的椭圆；为中间值时，绘制的是内径大小不等的圆环。

✤ 闭合路径：确定图形的闭合与否。

✤ 重置：重置椭圆工具的所有控件，并将在舞台上绘制的椭圆形状恢复为原始的大小和形状。

通过在"属性"面板的"椭圆选项"栏中设置相应参数，可以绘制扇形、半圆形及其他有创意的形状，如图1-45所示。

图1-44 椭圆选项

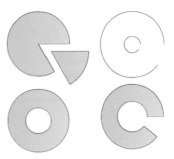

图1-45 使用椭圆工具绘制的图形

③基本矩形工具和基本椭圆工具

使用基本矩形工具或基本椭圆工具创建矩形或椭圆时，与使用对象绘制模式创建的形状不同，Flash会将形状绘制为独立的对象。基本形状工具可让用户使用属性检查器中的控件，指定矩形的角半径以及椭圆的起始角度、结束角度和内径。创建基本形状后，可以选择舞台上的形状，然后调整属性检查器中的控件来更改半径和尺寸。

在Flash CS4中，在矩形工具█上单击并按住鼠标左键，然后在弹出菜单中选择基本矩形工具█，此时"属性"面板即显示基本矩形的相关属性，直接在舞台上拖动鼠标，即可绘制基本矩形。此时绘制的矩形有四个节点。在属性面板的矩形选项中拖动滑块，可以改变矩形的边角，还可以在使用基本矩形工具拖动时，通过按"↑"键和"↓"键改变圆角的半径。使用选择工具选择基本矩形或基本椭圆时，可在"属性"面板中进一步修改形状或指定填充、笔触颜色。

在矩形工具█上单击并按住鼠标左键，然后选择基本椭圆工具█，此时"属性"面板即可显示基本椭圆的相关属性，直接在舞台上拖动基本椭圆工具，可以创建基本椭圆。如果要绘制正圆，可在按住"Shift"键的同时进行绘制。此时绘制的图形有节点，若在属性面板的椭圆选项中拖动各滑块，即可改变形状。

🌀 **小知识：区别提示**

基本矩形和基本椭圆提供了几个节点，可供鼠标选中拖曳，从而改变形状，而且这些改变是规则的。矩形和椭圆则没有这些节点，单击边缘拖曳而产生的变化是不规则且随意的。通过基本矩形和基本椭圆产生的图形可以通过打散（选中后按"Ctrl+B"组合键）得到普通矩形和椭圆。

④多角星形工具

在矩形工具█上单击并按住鼠标左键，然后选择基本多角星形工具█，此时"属性"面板即可显示多角星形的相关属性，如图1-46所示。直接在舞台上拖动多角星形工具，可创建图形，默认情况下为五边形。单击"选项"按钮即可弹出"工具设置"对话框，如图1-47所示。

图1-46 多角星形工具的"属性"面板　　图1-47 "工具设置"对话框

在"样式"下拉菜单中可选择多边形和星形，在"边数"文本框输入数值，确定形状的边数，可显示效果的数值范围为3～32。还可以在选择星形时，通过改变星形顶点的数量来改变星形的形状，但星形顶点的数量只针对星形样式起作用，如图1-48所示。

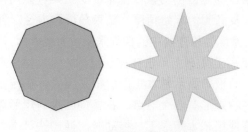

图1-48 绘制的多边形与星形

（5）刷子工具

刷子工具可以在画面上绘制出具有一定笔触效果的特殊填充。它和橡皮擦工具类似，具有非常独特的编辑模式。调用刷子工具时，只需在工具箱中选择刷子工具或按"B"键即可。

在刷子工具的选项区中，除了"对象绘制"按钮和"锁定填充"按钮以外，还包括"刷子模式"、"刷子大小"和"刷子形状"3个功能按钮。

单击"刷子模式"按钮，可以在展开的下拉菜单中对刷子的模式进行选择，如图1-49所示。

单击"刷子大小"按钮，可以在展开的下拉菜单中对刷子的大小进行选择，如图1-50所示。

单击"刷子形状"按钮，可以在展开的下拉菜单中对刷子的形状进行选择，如图1-51所示。

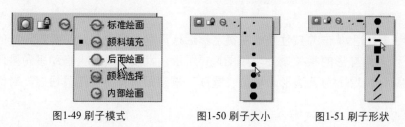

图1-49 刷子模式　　　　　图1-50 刷子大小　　　　　图1-51 刷子形状

单击"刷子模式"按钮，弹出"刷子模式"下拉菜单，在该菜单中，各选项的含义具体介绍如下。

✛ 标准绘画：使用该模式绘图，在笔刷所经过的地方，线条和填充全部被笔刷填充所覆盖。

✛ 颜料填充：使用该模式只能对填充部分或空白区域填充颜色，不会影响对象的轮廓。

✛ 后面绘画：使用该模式可以在舞台上同一层中的空白区域填充颜色，不会影响对象的轮廓和填充部分。

✛ 颜料选择：必须要先选择一个对象，然后使用刷子工具在该对象所占有的范围内填充（选择的对象必须是打散后的对象）。

✛ 内部绘画：该模式分为3种状态。当刷子工具的起点和终点都在对象的范围以外时，刷子工具填充空白区域；当起点和终点当中有一个在对象的填充部分以内时，则填充刷子工具所经过的填充部分（不会对轮廓产生影响）；当刷子工具的起点和终点都在对象的填充部分以内时，则填充刷子工具所经过的填充部分。

（6）橡皮擦工具

使用橡皮擦工具可以像使用真实橡皮擦一样，在舞台上擦掉矢量图形。在Flash CS4中，单击工具栏中的"橡皮擦工具" 按钮，在工具栏的下方将显示"橡皮擦模式" 、"水龙头" 和"橡皮擦形状" 三个按钮，其中"橡皮擦模式"和"橡皮擦形状"所对应的下拉菜单（如图1-52和图1-53所示）与刷子工具所对应的"刷子模式"和"刷子形状"相似，这里不再赘述。

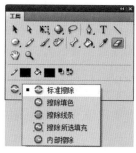

图1-52 橡皮擦模式

图1-53 橡皮擦形状

"水龙头" 按钮的功能非常强大，单击该按钮，然后选择线条或填充图形，即可将整个线条或填充图形删除，相当于一步就执行了选择和删除两个命令。

5.颜色工具及面板

在Flash CS4中，使用墨水瓶工具和颜料桶工具可以为绘制好的动画对象进行填充和轮廓上色，使用滴管工具可以从舞台中指定的位置拾取填充、位图、笔触等颜色属性并应用于其他对象上。

（1）颜料桶工具

颜料桶工具可以用于给工作区内有封闭区域的图形填色。无论是空白区域还是已有颜色的区域，都可以填充。进行恰当的设置，颜料桶工具还可以给一些没有完全封闭但接近封闭的图形区域填充颜色。调用颜料桶工具的操作很简单，只需选择工具箱中的颜料桶工具 或按"K"键即可。

工具箱中的选项区中除了有"锁定填充"按钮之外，还有一个"空隙大小"按钮，单击该按钮右下角的小三角，在弹出的下拉菜单中包括了用于设置空隙大小的4种模式，如图1-54所示。其中，各选项的含义如下。

❖ 不封闭空隙：选择该命令，只填充完全闭合的空隙。

❖ 封闭小空隙：选择该命令，可填充具有小缺口的区域。

❖ 封闭中等空隙：选择该命令，可填充具有中等缺口的区域。

❖ 封闭大空隙：选择该命令，可填充具有较大缺口的区域。

图1-54　4种模式

单击"锁定填充"按钮，当使用渐变填充或者位图填充时，可以将填充区域的颜色变化规律锁定，作为这一填充区域周围的色彩变化规范。

（2）墨水瓶工具

墨水瓶工具可以用于为工作区中的图形绘制一个轮廓或改变形状外框的颜色、线条宽度和样式等。墨水瓶工具只影响矢量图形。若想调用墨水瓶工具，只需选择工具箱中的墨水瓶工具或按"S"键即可。

墨水瓶工具的功能主要用于改变当前线条的颜色（不包括渐变和位图）、尺寸和线型等，或为无线的填充增加线条。此外，墨水瓶工具还可用于为填充色描边，其中包括笔触颜色、笔触高度与笔触样式的设置。

（3）滴管工具

滴管工具用于提取、绘制图形中的线条或填充色具有相同属性的图形，以及位图中的各种RGB颜色。它不但可以用来确定渐变填充色，还可以将位图转换为填充色。滴管工具类似于经常用到的格式刷，可以使用滴管工具获得某个对象的笔触和填充颜色属性，并且可以立刻将这些属性应用到其他对象上。调用滴管工具的方法为选择工具箱中的滴管工具或是按"I"键。

滴管工具采用的样式一般包含笔触颜色、笔触高度、填充颜色和填充样式等。在将吸取的渐变色应用于其他图形时，必须先取消"锁定填充"按钮的选中状态，否则填充的将会是单色。

（4）"颜色"面板

使用"颜色"面板，可以更改图形的笔触和填充颜色。如果"颜色"面板在当前工作界面中没有显示，可通过执行"窗口"＞"颜色"命令或者按"Shift+F9"组合键将其打开，如图1-55所示。

"颜色"面板允许用户修改 Flash 的调色板并更改笔触和填充的颜色，包括下列各项。

❖ 使用"样本"面板导入、导出、删除和修改Flash文件的调色板。

❖ 以十六进制模式选择颜色。

❖ 创建多色渐变。

❖ 使用渐变可达到各种效果，如赋予二维对象以深度感。

在"颜色"面板中，各主要选项的含义分别如下。

❖ 笔触颜色：更改图形对象的笔触或边框的颜色。

❖ 填充颜色：更改填充颜色。填充是填充形状的颜色区域。

图1-55　"颜色"面板

✤ 类型：用于更改填充样式。

✤ RGB：可以更改填充的红、绿和蓝 (RGB) 的色密度。

✤ Alpha：可设置实心填充的不透明度，或者设置渐变填充的当前所选滑块的不透明度。若 Alpha 值为0，则创建的填充不可见（即透明）；若 Alpha 值为100%，则创建的填充不透明。

✤ 当前颜色样本：用于显示当前所选颜色。若从填充"类型"菜单中选择某个渐变填充样式（线性或放射状），则"当前颜色样本"将显示所创建的渐变内的颜色过渡。

✤ 系统颜色选择器：使用户能够直观地选择颜色。单击"系统颜色选择器"，然后拖动十字准线指针，直到找到所需颜色。

✤ 十六进制值：显示当前颜色的十六进制值。若要使用十六进制值更改颜色，可输入一个新的值。十六进制颜色值（也叫做HEX值）是6位的字母数字组合，代表一种颜色。

✤ 溢出：使用户能够控制超出线性或径向渐变限制进行应用的颜色。

小知识："颜色"面板中的"类型"选项

在"颜色"面板的"类型"下拉列表框中，包含"无"、"纯色"、"线性"、"放射状"和"位图"5个选项，各选项的含义如下。

✤ 无：删除填充。

✤ 纯色：提供一种单一的填充颜色。

✤ 线性：产生一种沿线性轨道混合的渐变。

✤ 放射状：产生从一个中心焦点出发沿环形轨道向外混合的渐变。

✤ 位图：用可选的位图图像平铺所选的填充区域。选择"位图"时，系统会显示一个对话框，可以通过该对话框选择本地计算机上的位图图像，并将其添加到库中。用户可以将此位图用作填充，其外观类似于形状内填充了重复图像的马赛克图案。

6.选择对象工具

在Flash中，提供了多种选取对象的方法，选取对象主要是使用工具箱中的选择工具 ▶、部分选取工具 ▶和套索工具 ❍ 进行选取。当用户要选择一个整体的对象时，可以使用选择工具；当要选择对象的节点时，可以使用部分选取工具；当要选择打散对象的某一部分时，可以使用套索工具。

（1）选择工具

在Flash CS4中，选择工具箱中的选择工具 ▶或按"V"键即可将其调用。

选择工具主要用来选择物体，可以选择任何对象，还可以同时选择一个或多个对象，包括形状、组、文字、实例和位图等。使用选择工具可以选择单个对象，也可以同时选择多个对象，具体有以下3种方法。

✤ 选择单一对象：使用选择工具，在要选择的对象上单击鼠标左键即可。

✤ 选择多个对象：先选择一个对象，按住"Shift"键，然后依次在要选择的对象上单击鼠标左键或按住鼠标左键，拖曳出一个矩形范围，将要选择的对象都包含在矩形范围内，如图1-56所示。

✤ 双击选择图形：对于包含填充和线条的图形，在对象上双击鼠标左键即可将其选中；对于连着线条叠在一起的图形，双击鼠标左键即可选择所有线条，如图1-57所示。

图1-56 选择多个对象   图1-57 选择所有线条

（2）部分选取工具

通过利用部分选取工具 ![](可以对路径上的控制点进行选取、拖曳、调整路径方向及删除节点等操作，完成对矢量图的编辑。用户只需选择工具箱中的部分选取工具 ![] 或按"A"键即可调用部分选取工具。

部分选取工具用于选择矢量图形上的节点，即以贝塞尔曲线方式编辑对象的轮廓。用部分选取工具选择对象后，该对象周围将出现许多节点，可以用于选择线条、移动线条和编辑锚点以及方向锚点等，如图1-58和图1-59所示。

图1-58 普通状态   图1-59 选择对象

> **小知识：部分选择工具**
>
> 使用部分选取工具时，需要注意在不同情况下鼠标指针的含义及作用，这样有利于用户快捷地使用部分选取工具。
>
> ✧ 当鼠标指针移到某个节点上时，鼠标指针变为 形状，这时按住鼠标左键拖曳可以改变该节点的位置。
>
> ✧ 当鼠标指针移到没有节点的曲线上时，鼠标指针变为 形状，这时按住鼠标左键拖曳可以移动整个图形的位置。
>
> ✧ 当鼠标指针移到节点的调节柄上时，鼠标指针变为 形状，按住鼠标左键拖曳可以调整与该节点相连线段的弯曲程度。

（3）套索工具

套索工具主要用于选取不规则的物体，选择套索工具 ![]后，在工具栏的下方将出现三个按钮，如图1-60所示，分别是"魔术棒"按钮、"魔术棒设置"按钮和"多边形模式"按钮，其含义分别介绍如下。

❖ "魔术棒"按钮：该按钮不但可以用于沿对象轮廓进行较大范围的选取，还可对色彩范围进行选取。

❖ "魔术棒设置"按钮：该按钮主要对魔术棒选取的色彩范围进行设置。单击该按钮，弹出"魔术棒设置"对话框，如图1-61所示。其中，"阈值"选项用于定义选取范围内的颜色与单击处像素颜色的相近程度，设置的数值越大，选中颜色相似的范围也越大。"平滑"选项用于指定选取范围边缘的平滑度。

图1-60 对应的三个按钮　　　　图1-61 "魔术棒设置"对话框

❖ "多边形模式"按钮：该按钮主要用于对不规则图形进行比较精确的选取。

1.6　能力拓展

1.6.1　触类旁通——绘制背景图形

01 打开"第1章\绘制背景图形\秋天之韵素材.fla"素材文件，执行"文件">"另存为"命令，将其保存为"秋天之韵"文件，如图1-62所示。

02 选择矩形工具，设置"笔触颜色"和"填充颜色"分别为无和"黑白"线性渐变，绘制一个与舞台等大的渐变矩形，如图1-63所示。

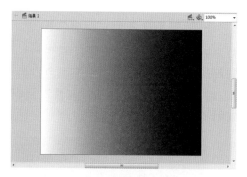

图1-62 文件另存为　　　　　　图1-63 绘制渐变矩形

03 选择渐变变形工具，然后选择渐变矩形，将鼠标指针移至渐变变形框的右上角，按住鼠标左键，将鼠标向左旋转90°，如图1-64所示。

04 将鼠标指针移至调整渐变变形框大小的小矩形上，此时鼠标指针变成双向箭头，按住鼠标左键并向下拖曳，缩小变形框的高度，如图1-65所示。

图1-64 旋转渐变矩形

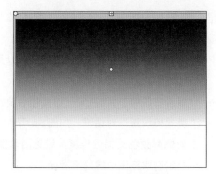

图1-65 调整变形框的高度

05 将鼠标指针移至"颜色"面板下方的渐变条上，鼠标指针的右下角多出一个"＋"符号，在渐变条上单击鼠标左键，添加一个颜料桶，如图1-66所示。

06 在第一个颜料桶上双击鼠标左键，在弹出调色板中设置其颜色为"浅黄色"（#FEFFAA），分别设置其他两个颜料桶的颜色为"黄色"（#F5DB18）和"橘黄色"（#ED932C），如图1-67所示。

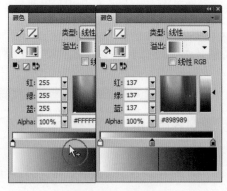

图1-66 添加颜料桶

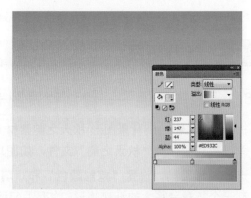

图1-67 设置各颜料桶的颜色

07 将"图层1"重命名为"背景"图层，新建"草地1"图层，选择工具箱中的钢笔工具，在渐变背景上绘制一个闭合轮廓，作为草地的轮廓，如图1-68所示。

08 选择颜料桶工具，设置"填充颜色"为"草黄色"（#A3B531），在草地轮廓内单击鼠标左键，填充颜色，并在"属性"面板中设置"笔触颜色"为无，为草地去除轮廓，如图1-69所示。

图1-68 绘制闭合轮廓

图1-69 填充颜色

09 新建"草地2"图层,参照草地的绘制方法,绘制另一块"填充颜色"为"草黄色"(#BACA11)的草地,如图1-70所示。

10 新建"路"图层,使用钢笔工具,在第二块草地上绘制一个封闭轮廓,作为草地上的路,如图1-71所示。

图1-70 绘制"草地2"

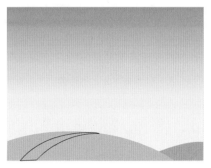

图1-71 绘制路的轮廓

11 使用颜料桶工具,为其填充"浅黄色"(#FFFDEB、Alpha值为70%)至"黄色"(#FFEE9C、Alpha值为80%)的线性渐变,如图1-72所示。

12 执行"插入">"新建元件"命令,打开"创建新元件"对话框,在"名称"文本框中输入"云",在"类型"区中选中"影片剪辑"选项,如图1-73所示。

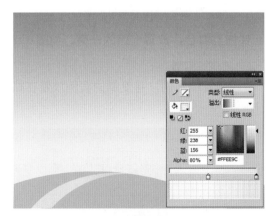

图1-72 填充颜色

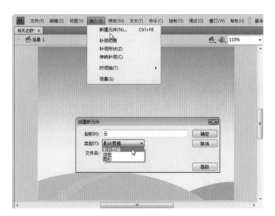

图1-73 新建元件

13 单击"确定"按钮,进入"云"元件的编辑区,使用钢笔工具绘制一个闭合轮廓,作为云的形状(暂时将"背景颜色"更改为"桃红色"),如图1-74所示。

14 选择工具箱中的颜料桶工具,为其填充"白色"、"黄色"(#F6E234)至"白色"的放射状渐变,然后去除云朵的轮廓,如图1-75所示。

15 返回主场景编辑区,新建"云"图层,将"库"面板中的"云"元件拖至舞台,调整实例的位置,并在"样式"下拉列表框中选择Alpha选项,设置Alpha值为30%,如图1-76所示。

16 使用选择工具,按住"Ctrl"键,将"云"实例复制两次,使用任意变形工具对复制的实例进行变形,并设置其Alpha值分别为70%和50%,如图1-77所示。

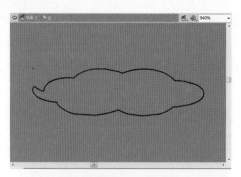

图1-74 绘制"云"的轮廓

图1-75 为"云"填充颜色

图1-76 调整实例位置、Alpha值

图1-77 复制实例、调整Alpha值

⑰ 新建"树"图层,将"库"面板中的"树"元件拖至舞台,放置在路的一旁,如图1-78 所示。

⑱ 使用选择工具选择"树"实例,按住"Ctrl"键连续复制实例,将复制的实例放置在路 的两旁,并依次调整相对树的大小,如图1-79所示。

图1-78 将"树"元件拖至舞台

图1-79 复制"树"实例

⑲ 新建"树叶"图层,将"库"面板中的"树叶"元件拖至舞台,在"属性"面板中设 置其"宽"、"高"、X和Y值分别为289.6、353.5、210.45和0,如图1-80所示。

⑳ 新建"蜻蜓"图层,将"库"面板中的"蜻蜓"元件拖至舞台,在"属性"面板中设 置其"宽"、"高"、X和Y值分别为72.3、89、398.9和263.4,如图1-81所示。

图1-80 设置"树叶"元件属性　　　　　　　图1-81 设置"蜻蜓"元件属性

㉑ 再制"蜻蜓",在"变形"面板中设置缩放值均为100%、倾斜值均为75°,并适当调整实例的位置,如图1-82所示。

㉒ 保存文件并测试影片,完成自然景物的绘制,如图1-83所示。

图1-82 再制"蜻蜓"并设置属性　　　　　　　图1-83 测试影片

1.6.2　商业应用

综合使用Flash动画中的工具可以设计出各种人物角色、企业标识及动画背景,从而将其应用在不同的场合中,如企业形象宣传片、网络专题广告等。图1-84为松下企业的标识广告。图1-85为一款卡通头像的设计。

图1-84 企业标识　　　　　　　　　　图1-85 卡通头像

1.7 本章小结

通过本章的学习，读者应该了解图形图像的基础知识、Flash CS4的工作界面，掌握绘图工具、颜色工具及面板、选择对象工具以及辅助工具的使用方法，并能够灵活使用这些工具绘制丰富多彩的图形。本章通过绘制人物卡通形象和背景图形，向读者介绍Flash动画图形的绘制，希望读者能够绘制出更加精美的图形，为动画增添活力。

1.8 认证必备知识

单项选择题

（1）在Flash中，用_____可以绘制笔直的斜线。

A.使用铅笔工具，按住Shift键拖动鼠标

B.使用铅笔工具，采用伸直绘图模式

C.直线工具

D.钢笔工具

（2）对于在网络上播放动画来说，最合适的帧频率是_____。

A.24帧/秒　　　　　　　　　　　B.12帧/秒

C.25帧/秒　　　　　　　　　　　D.16帧/秒

多项选择题

（1）铅笔工具的绘图模式分为_____。

A.伸直模式　　　　　　　　　　B.平滑模式

C.墨水模式　　　　　　　　　　D.对象模式

（2）"颜色"面板中的填充样式有_____。

A.纯色　　　　　　　　　　　　B.放射状

C.线性　　　　　　　　　　　　D.位图

判断题

（1）Flash CS4将所有面板设置放置在窗口的右侧，这些面板不可以随意改变其位置。_____

（2）选择椭圆工具后，只要按住"Ctrl"键不放，就可以画出正圆。_____

第2章　Flash动画图形的编辑

2.1　任务题目

通过编辑Flash软件所绘制的动画图形，不仅可以熟练掌握图形编辑的基本操作，如图形对象的移动、删除、复制与粘贴等，还可以掌握图形编辑的高级操作，如扭曲、旋转、倾斜、合并等。只有熟练掌握这些编辑方法，才能在制作动画过程中得心应手。

2.2　任务导入

动画图形对象是舞台上的元素。绘制好动画图形后，掌握图形的编辑方法也是很重要的。用户在编辑动画图形对象之前，应选择要编辑的对象，并通过不同模式预览对象。本章将介绍在制作动画时对图形对象进行的各种编辑操作。

2.3　任务分析

1. 目的

了解预览图形对象的5种模式，掌握图形的基本操作，如移动、复制、删除等，掌握图形对象的几种变形操作，以及图形对象的排列、组合。

2. 重点

（1）掌握图形的基本操作。

（2）掌握动画图形对象的变形操作。

（3）掌握图形对象的排列、叠放和组合操作。

3. 难点

（1）编辑图形的操作。

（2）变形动画图形的操作。

2.4　技能目标

（1）掌握动画图形的编辑方法。

（2）能够熟练应用这些编辑方法制作Flash动画。

2.5 任务讲析

2.5.1 实例演练——花海世界

只有掌握了编辑图形对象的各种方法和技艺，才能轻松、快速地制作出各类优秀的动画作品。下面将通过具体实例进行介绍。

01 新建一个Flash文档，然后设置其属性，"宽度"和"高度"分别为550像素和390像素，如图2-1所示。

02 将"图层1"更名为"渐变背景"图层，使用矩形工具在舞台上绘制一个"宽度"和"高度"分别为550像素和333像素的矩形，并设置其"填充颜色"为"白色"至"天蓝色"（#00ABEB）的线性渐变，以作为天空，如图2-2所示。

图2-1 新建文档　　　　　　　　　　　图2-2 绘制渐变矩形

03 新建"底图"图层，使用钢笔工具，在舞台上绘制一个花朵轮廓，如图2-3所示。然后为其填充"白色"至"天蓝色"（#4EC2F1）的线性渐变，如图2-4所示。

图2-3 绘制花朵轮廓　　　　　　　　　图2-4 填充渐变颜色

04 选择花朵轮廓，将其删除，如图2-5所示，将花朵图形再制，并调整图形的大小和位置，如图2-6所示。

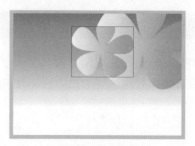

图2-5 删除花朵轮廓　　　　　　　　　图2-6 再制图形对象

05 再制花朵图形，将其放置在舞台的左上角，如图2-7所示，修改左上角花朵图形的"填充颜色"为"白色"至"黄色"（#FFF100）的线性渐变，如图2-8所示。

图2-7 再制对象

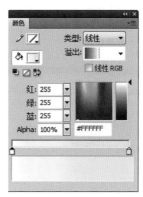

图2-8 填充颜色

06 使用钢笔工具，绘制蝴蝶的轮廓，如图2-9所示。设置其"填充颜色"为"白色"，并去除蝴蝶的轮廓，如图2-10所示。

图2-9 绘制蝴蝶的轮廓

图2-10 填充颜色

07 使用选择工具选择蝴蝶图形，按住"Ctrl"键的同时并拖曳鼠标，将蝴蝶图形复制两次，如图2-11所示。然后分别调整蝴蝶图形的大小、旋转角度和位置，放置在花朵图形上，如图2-12所示。

图2-11 再制蝴蝶对象

图2-12 调整图形的大小、旋转角度和位置

08 新建"彩虹"图层，使用椭圆工具，在"属性"面板中设置椭圆的属性，如图2-13所示，在舞台中绘制一个半弧形圆环，如图2-14所示。

图2-13 设置椭圆工具属性　　　图2-14 绘制半弧形圆环

09 使用任意变形工具调整半弧形圆环的宽度，如图2-15所示，再次使用椭圆工具，在半弧圆环上绘制多个"内径"、"笔触颜色"、"笔触高度"和"填充颜色"均不同的半弧形圆环，制作出彩虹的效果，如图2-16所示。

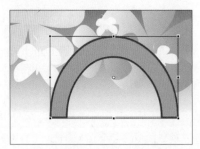

图2-15 调整半弧形圆环的高度　　　图2-16 绘制其他半弧形圆环

10 新建"草坪1"图层，使用钢笔工具，在舞台的右下方绘制一个闭合轮廓，如图2-17所示。然后为闭合轮廓填充"草绿色"（#669918）至"黄绿色"（#A2BC00）的线性渐变，最后去除轮廓线，如图2-18所示。

图2-17 绘制草坪轮廓　　　图2-18 填充颜色、删除轮廓

11 参照草坪1的绘制，新建"草坪2"图层，并在舞台的左下方绘制另一块草坪，如图2-19所示。

12 新建"小花朵"图层，使用钢笔工具，在草坪上绘制一个闭合的轮廓，作为花朵的造型，如图2-20所示，然后为其填充紫色并去除轮廓。

图2-19 制作另一块草坪　　　　　　　　图2-20 绘制花朵轮廓

⑬ 使用选择工具选择紫色的小花朵，如图2-21所示，将其再制多次，并分别调整花朵图形的填充颜色、大小、旋转角度和位置，将其分布在草坪上，如图2-22所示。

图2-21 选择紫色花朵　　　　　　　　图2-22 制作其他颜色的小花朵

⑭ 新建"树"图层，使用钢笔工具，在草坪上绘制一个闭合的轮廓，作为树干，如图2-23所示。然后设置其"填充颜色"为"棕黄色"（#765C2F）并去除轮廓，如图2-24所示。

图2-23 绘制树的轮廓　　　　　　　　图2-24 填充颜色

⑮ 使用椭圆工具，设置"填充颜色"和"笔触颜色"分别为"草绿色"（#83AD12）和无，先绘制一个大的正圆，然后绘制多个小圆，并将其分布在大圆的周围，作为树冠，如图2-25所示。

⑯ 再制绘制好的树冠图形，修改其"填充颜色"为"黄绿色"（#ABCD03），并调整大小和位置，如图2-26所示。

图2-25 绘制树冠

图2-26 填充颜色

⑰ 使用椭圆工具，设置"填充颜色"和"笔触颜色"分别为"白色"和无，在树冠上绘制一个正圆，作为树上的高光部位，如图2-27所示。

⑱ 使用选择工具选择绘制好的树图形，按"Ctrl+G"组合键将其组合，然后复制树的图形，并分别调整其大小和位置，将树的图形在草坪上进行排列，如图2-28所示。

图2-27 绘制树的高光部分

图2-28 复制图形、调整大小、排列对象

⑲ 新建"草1"图层，设置"填充颜色"为"草绿色"（#7CA612），使用矩形工具和刷子工具，在草坪的下方绘制草图形，如图2-29所示。

⑳ 新建"草2"图层，设置"填充颜色"为"黄绿色"（#C9D900），使用矩形工具和刷子工具，在草绿色的草图形上绘制黄绿色的图形，作为嫩草，如图2-30所示。至此，完成花海世界的绘制，最后保存该动画即可。

图2-29 绘制"草1"对象

图2-30 绘制"草2"对象

2.5.2 基础知识解析

1.预览图形对象

预览动画图形对象共有5种预览模式，通过执行"视图"＞"预览模式"菜单中的"轮

廓"、"高速显示"、"消除锯齿"、"消除文字锯齿"和"整个"命令，如图2-31所示，即可完成对图形对象的预览，下面分别向读者介绍这5种预览模式的特点和具体应用。

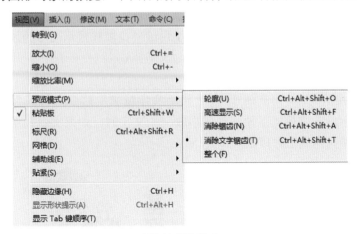

图2-31 预览模式

（1）轮廓预览图形对象

通过执行"视图">"预览模式">"轮廓"命令，可以只显示场景中形状的轮廓，从而使所有线条都显示为细线，如图2-32和图2-33所示。这样更容易改变图形元素的形状以及快速显示复杂的场景。

图2-32 原图　　　　　　　　　　图2-33 轮廓预览图形对象

（2）高速显示图形对象

通过执行"视图">"预览模式">"高速显示"命令，可以关闭消除锯齿功能，显示出绘画的所有颜色和线条样式，此时的图形对象边缘有锯齿，并且不光滑，如图2-34、图2-35所示。

图2-34 原图　　　　　　图2-35 高速显示图形对象

（3）消除动画图形中的锯齿

通过执行"视图" > "预览模式" > "消除锯齿"命令，可以将打开的线条、形状和位图的锯齿消除。消除锯齿后，形状和线条的边缘在屏幕上的显示会更加平滑。使用该模式绘图的速度要比在高速显示模式下慢得多。使用该预览模式显示图形的效果与在整体预览模式下显示的效果基本一致，如图2-36所示。

（4）消除文字锯齿

通过执行"视图" > "预览模式" > "消除文字锯齿"命令，可以平滑所有文本的边缘，如图2-37所示。在该模式下预览动画中较大的文字时，如果文本数量太多，则速度会减慢，该模式是最常用的工作模式。

图2-36 消除动画图形中的锯齿 　　　　　图2-37 消除文字锯齿

（5）显示整个动画图形对象

通过执行"视图" > "预览模式" > "整个"命令，可以完全呈现舞台中的所有内容。整个视图模式是默认的视图模式，使用该模式可能会降低显示速度，但其视图效果是最好的。

2.图形的基本操作

在Flash中，图形对象是舞台中的元素，Flash允许对图形对象进行编辑选择、移动、复制等基本操作。下面将介绍这几种对图形对象进行基本操作的方法。

（1）移动对象

移动图形不但可以使用不同的工具，还可以使用不同的方法，下面介绍几种常用的移动图形的方法。

❖ 使用选择工具：用选择工具选中要移动的图形，将图形拖动到下一个位置即可，如图2-38所示。

❖ 使用部分选取工具：用部分选取工具选中要移动的图形，其图形外框将出现一圈绿色的带节点的框线，此时，只要将鼠标指针移动到该框线上，将图形拖动到下一个位置即可，如图2-39所示。

图2-38 使用选择工具 　　　　图2-39 使用部分选取工具

✤ 使用任意变形工具：用任意变形工具选中要移动的图形，当鼠标指针变为 ↖⊹ 时，将图形拖动到下一个位置即可，如图2-40所示。

✤ 使用快捷菜单：选中要移动的图形，单击鼠标右键，在弹出的快捷菜单中选择"剪切"命令，如图2-41所示，选中要移动的目的方位，单击鼠标右键，在弹出的快捷菜单中选择"粘贴"命令即可。

图2-40 使用任意变形工具　　　　图2-41 使用快捷菜单

（2）删除对象

在Flash CS4中，删除图形可以一次只删除一个图形对象，也可以一次删除多个图形对象。下面介绍常用的两种删除图形的方法。

✤ 使用快捷键：使用选择工具或任意变形工具选择要删除的图形对象，按"Delete"或"Backspace"键即可删除所选图形。

✤ 使用快捷菜单：选中要删除的图形，单击鼠标右键，在弹出的快捷菜单中选择"剪切"命令，也可以删除图形。

（3）剪切对象

剪切图形对象使用快捷菜单，选中要剪切的图形，单击鼠标右键，在弹出的快捷菜单中选择"剪切"命令，然后粘贴到其他位置。对于剪切后的对象，若不进行粘贴则删除此图形对象。

（4）复制和粘贴对象

复制图形可以使用不同的工具和方法，下面介绍几种最常见的方法。

✤ 使用选择工具：用选择工具选中要复制的图形，在按住"Alt"或"Ctrl"键的同时拖曳鼠标，鼠标指针的右下侧变为"＋"时，将图形拖曳到下一个位置即可，如图2-42所示。

图2-42 使用选择工具复制图形

❖ 使用任意变形工具：用任意变形工具选中要复制的图形，按住"Alt"键的同时拖曳鼠标，鼠标指针的右下侧变为"＋"时，将图形拖动要复制到的位置即可。

❖ 使用快捷键：选中要复制的图形，按"Ctrl＋C"组合键复制图形，然后按"Ctrl＋V"组合键粘贴图形。

（5）再制对象

选择需要再制的图形对象，执行"编辑"＞"直接复制"命令或按"Ctrl＋D"组合键，可以快速错位地复制所选图形对象，如图2-43所示。

图2-43 再制对象

3.动画图形的变形操作

在Flash CS4中，使用任意变形工具，或执行"修改"＞"变形"子菜单中的命令，如图2-44所示，或使用"变形"面板，如图2-45所示，都可以将图形对象、组、文本块和实例进行变形。根据所选元素的类型，可以变形、旋转、倾斜、缩放或扭曲该元素。在变形操作期间，可以更改或添加选择内容。

 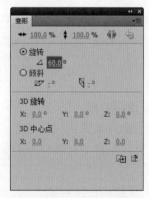

图2-44 菜单命令　　　　　图2-45 "变形"面板

（1）自由变换对象

在Flash CS4中，可以单独执行某个变形操作，也可以将移动、旋转、缩放、倾斜和扭曲等多个变形操作组合在一起执行。

在舞台上选择图形对象、组、实例或文本块，选择任意变形工具，在所选内容的周围移动指针，指针会发生变化，具体有以下几种情况。

❖ 当鼠标指针变为形状时，按住鼠标左键并拖曳，所选对象将按照垂直方向倾斜变形，如图2-46所示。

❖ 当鼠标指针变为形状时，按住鼠标左键并拖曳，所选对象将按照水平方向倾斜变形，如图

2-47所示。

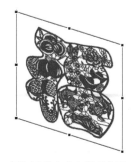
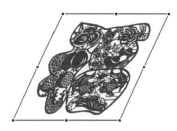

图2-46 垂直方向倾斜变形 　　　　　图2-47 水平方向倾斜变形

❖ 当鼠标指针变为 ⌒ 形状时，按住鼠标左键并拖曳，所选对象将围绕变形点旋转，如图2-48所示。按住"Shift"键并拖曳鼠标，所选对象将以45°增量进行旋转；按住"Alt"键并拖曳鼠标，所选对象将以对角为中心进行旋转。

❖ 当鼠标指针变为 ↖ 或 ↗ 形状时，按住鼠标左键并拖曳，所选对象将沿对角两个方向进行缩放，如图2-49所示。按住"Shift"键并拖曳鼠标时，所选对象将按一定的宽高比例调整图形的大小。

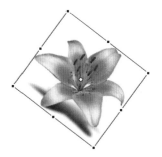

图2-48 旋转图形对象 　　　　　　　图2-49 缩放图形对象

❖ 当鼠标指针变为 ↕ 形状时，按住鼠标左键并拖曳，所选对象将沿垂直方向缩放，如图2-50所示。

❖ 当鼠标指针变为 ↔ 形状时，按住鼠标左键并拖曳，所选对象将沿水平方向缩放，如图2-51所示。

图2-50 沿垂直方向缩放 　　　　　　图2-51 沿水平方向缩放

🌀 **小知识：文本变形**

　　任意变形工具不能变形元件、位图、视频对象、声音、渐变或文本。如果多项选区包含以上任一项，则只能扭曲形状对象。要将文本块变形，首先要将文本转换成形状对象。

（2）扭曲对象

执行"修改">"变形">"扭曲"命令，可以扭曲图形对象，如图2-52所示。此外，还可以在将对象进行任意变形时扭曲。扭曲变形工具只用于在场景中绘制的图形，对于导入的图片或元件无效。

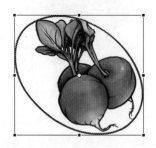

图2-52 扭曲图形对象

对选定的对象进行扭曲变形时，可以拖动边框上的角手柄或边手柄，移动该角或边，然后重新对齐相邻的边。按住"Shift"键拖动角点可以将扭曲限制为锥化，即该角和相邻角沿相反方向移动相同距离。相邻角是指拖动方向所在的轴上的角。按住"Ctrl"键拖动边的中点，可以任意移动整个边。

（3）封套对象

封套功能键允许用户弯曲或扭曲对象，制作出更加奇妙的变形效果，弥补了扭曲变形在某些局部无法达到的变形效果。封套是一个边框，其中包含一个或多个对象。更改封套的形状会影响该封套内对象的形状。用户可以通过调整封套的点和切线手柄来编辑封套形状。

封套变形工具把图形"封"在里面，当改变封套形状时，里面的图形会适应于封套的变化。对象上的8个小方块是改变封套形状的调节点，移动一个节点，会引起该节点前后两个节点之间这段边沿形状的改变，如图2-53所示。

图2-53 封套对象

封套变形工具对图形修改有奇特的功能。需要注意的是，此工具只能用于场景中绘制的图形，对于导入的图片或元件无效。

（4）旋转与倾斜对象

旋转对象会使该对象围绕其变形点旋转。变形点与注册点对齐，默认位于对象的中心，用户可以通过拖动来移动该点。

在Flash CS4中，可以通过以下三种方法旋转对象。

❖ 使用任意变形工具 ▓ 拖曳，可以在同一操作中倾斜和缩放对象。

❖ 通过执行"修改" > "变形" > "旋转与倾斜"命令。

❖ 通过在"变形"面板中指定角度（可以在同一操作中缩放对象）。

（5）缩放和旋转对象

在Flash CS4中，执行"修改" > "变形" > "缩放与旋转"命令，会弹出"缩放和旋转"对话框，如图2-54所示，显示缩放比例和旋转角度。用户可以通过输入数据对图形对象同时进行缩放和旋转。

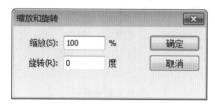

图2-54 "缩放和旋转"对话框

（6）翻转对象

通过菜单命令，用户可以沿垂直或水平轴翻转对象，如图2-55所示，其操作方法分别如下。

❖ 选择需要翻转的图形对象，执行"修改" > "变形" > "垂直翻转"命令，即可将图形进行垂直翻转。

❖ 选择需要翻转的图形对象，执行"修改" > "变形" > "水平翻转"命令，即可将图形进行水平翻转。

图2-55 翻转对象

（7）取消变形操作

要取消变形操作有以下两种方法：执行"修改" > "变形" > "取消变形"命令，可以将变形的对象还原到初始状态；执行"编辑" > "撤销"命令或按"Ctrl+Z"键，撤销变形操作。

4.合并图形对象

如果要通过合并或改变现有对象来创建新形状，可执行"修改" > "合并对象"菜单中的"联合"、"交集"、"打孔"或"裁切"命令，通过合并或改变现有对象来创建新的形状。在一些情况下，所选对象的堆叠顺序决定了操作的工作方式。

（1）联合对象

执行"修改">"合并对象">"联合"命令，可以将两个或多个形状合成一个"对象绘制"模式形状，由联合前形状上所有可见的部分组成，并且将删除形状上不可见的重叠部分的单个形状，如图2-56所示。

图2-56 联合对象

（2）交集对象

执行"修改">"合并对象">"交集"命令，可以创建两个或多个对象的交集对象。生成的"对象绘制"形状由合并的形状的重叠部分组成，并且删除形状上任何不重叠的部分，生成的形状使用堆叠中最上面的形状的填充和笔触，如图2-57所示。

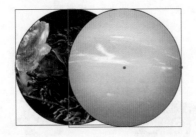

图2-57 交集对象

（3）打孔对象

执行"修改">"合并对象">"打孔"命令，可删除所选对象的某些部分，这些部分由所选对象与排在所选对象前面的另一个所选对象的重叠部分定义，如图2-58所示。

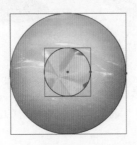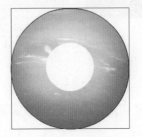

图2-58 打孔对象

（4）裁切对象

执行"修改">"合并对象">"裁切"命令，可以使用一个对象的形状裁切另一个对象，前面或最上面的对象定义裁切区域的形状。执行"裁切"命令，将保留与最上面的形状重叠的任何下层形状部分，而删除下层形状的所有其他部分，并完全删除最上面的形状。生成的形状保持为独立的对象，不会合并为单个对象，如图2-59和图2-60所示。

图2-59 裁切对象前　　　　　　　　　图2-60 裁切对象后

5.排列与编辑图形对象

在对图形对象进行编辑时，经常需要将一些对象按一定的层次顺序或一定的对齐方式进行排列，下面将向用户介绍如何使用"排列"和"对齐"子菜单中的命令、"对齐"面板中的按钮以及快捷菜单中的命令对图形对象进行排列、对齐或层叠。

（1）排列对象

在Flash CS4中，利用"对齐"面板中的各项功能或执行"修改"＞"对齐"子菜单中的命令，如图2-61所示，可以将对象精确地排列，并且还可以调整对象的间距、匹配大小等功能。

使用"对齐"面板，能够沿水平或垂直轴对齐所选的对象。用户可以沿选定对象的右边缘、中心或左边缘垂直对齐对象，或者沿选定对象的上边缘、中心或下边缘水平对齐对象。通常，执行"修改"＞"对齐"命令，或按"Ctrl＋K"组合键即可调出"对齐"面板，如图2-62所示。

图2-61 菜单命令　　　　　　　　　图2-62 "对齐"面板

在"对齐"面板中，包括"对齐"、"分布"、"匹配大小"、"间隔"和"相对于舞台"共5个功能区，下面将分别介绍这5个功能区中各按钮的含义及应用。

❖ 相对于舞台：勾选该选项时，选择对象后，可使对齐、分布、匹配大小、间隔等操作以舞台为基准。

❖ 对齐：在该功能区中，通过单击"左对齐"按钮 ⬜、"水平居中"按钮 ⬜、"右对齐"按钮 ⬜、"顶对齐"按钮 ⬜、"垂直居中"按钮 ⬜ 或"底对齐"按钮 ⬜，可分别将对象向左、水平居中、向右、向顶、垂直居中或向底对齐。

❖ 分布：在该功能区中，通过单击"顶部分布"按钮 ⬜、"垂直居中分布"按钮 ⬜、"底部分布"按钮 ⬜、"左侧分布"按钮 ⬜、"水平居中分布"按钮 ⬜ 或"右侧分布"按钮 ⬜，将选择的对象分别以顶部、垂直居中、底部、左侧、水平居中或右侧进行分布。

❖ 匹配大小：在该功能区中，可通过单击"匹配宽度"按钮 ⬜、"匹配高度"按钮 ⬜、"匹配宽和高"按钮 ⬜，将选择的对象分别进行水平缩放、垂直缩放、等比例缩放，其中最左侧的对象是其他所选对象匹配的基准。

❖ 间隔：在该功能区中，可通过单击"垂直平均间隔"按钮 ⬜、"水平平均间隔"按钮 ⬜，使选择的对象在垂直方向或水平方向的间隔距离相等。

（2）叠放对象

在图层内，Flash会根据对象的创建顺序排列对象，将最新创建的对象放在最上面。对象的层叠顺序决定了它们在重叠时的出现顺序。用户可以在任何时候更改对象的层叠顺序。画出的线条和形状总是在堆的组和元件的下面。要将它们移动到堆的上面，必须组合它们或者将它们变成元件。

此外，图层也会影响层叠顺序。上层的任何内容都在底层的任何内容之前，依此类推。要更改图层的顺序，可以在时间轴中将层名拖曳到新位置。

在Flash CS4中，选择舞台中需要排列的图形对象，执行"修改">"排列"子菜单中的命令，如图2-63所示，或单击鼠标右键，在弹出的快捷菜单中选择相应的命令，如图2-64所示，即可调整对象的层叠位置。

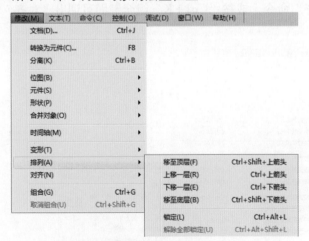

图2-63 使用"修改">"排列"命令

图2-64 使用右键菜单

6.组合动画图形对象

在Flash CS4中，如果要对多个元素进行移动、变形等操作，那么可以将其组合，作为一个组对象来处理，这样可以节省编辑的时间。此外，也可以将组合的图形对象进行解组和分离，重新进行编辑。

（1）组合对象

组合操作包括对图形对象的组合与解组两部分操作，组合后的对象可以被同时移动、复制、缩放和旋转等。

组的功能主要用于将多个对象归为一个临时对象，利于移动等操作，组合的图形是独立存在的个体，它的属性就是独立存在，可以将任意的形状组合，也可以将已经组合的图形再次组合，组合后的图形不会互相干扰，当组合后的图形之间相互重叠时，组合的图形会被遮盖，但组合的图形不会相互分割。

需要编辑组合对象中的某个对象时，也可以在解组后再进行编辑。组合的对象不仅可以发生在对象与对象之间，还可以发生在组与组之间。

在Flash CS4中，要将选择的对象进行组合，可以执行"修改"＞"组合"命令，或按"Ctrl＋G"组合键，如图2-65、图2-66所示。

图2-65 图形对象组合前　　　　　　　　图2-66 图形对象组合后

（2）编辑组

要对组中的单个对象进行编辑，可以执行"修改"＞"取消组合"命令，或按"Ctrl＋Shift＋G"组合键，将组对象进行解组。此外也可以选择组对象，然后执行"编辑"＞"编辑所选项目"命令，或在对象上双击鼠标左键，进入该组合的编辑状态。

组合后的对象没有笔触颜色和内部填充，只能作为图形的方式进行处理，如变形操作。如果要进行填充，则需要执行"修改"＞"分离"或按"Ctrl+B"组合键分离图形对象，如图2-67所示。

图2-67 分离图形对象

2.6 能力拓展

2.6.1 触类旁通——绘制梦幻树

01 执行"文件">"新建"命令，新建一个空白的Flash文档，选择工具箱中的线条工具，设置"笔触颜色"、"笔触高宽"为"蓝色"和0.10，如图2-68所示。

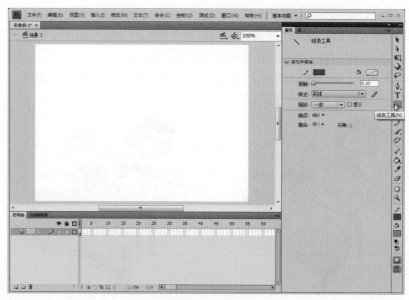

图2-68 新建文档

02 在"对象绘制"模式下，在舞台上绘制一个封闭的三角形，如图2-69所示。

03 选择工具箱中的选择工具，将鼠标移至三角形右侧边，将直线向内弯曲，绘制树干轮廓，如图2-70所示

图2-69 绘制图形

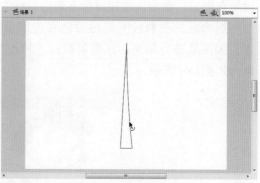

图2-70 弯曲直线

04 使用选择工具选择树干轮廓，按"Ctrl＋B"组合键，将线条打散，如图2-71所示。

05 选择工具箱中的颜料桶工具，设置"填充颜色"为"墨绿蓝"（#009D85），填充树干轮廓，如图2-72所示。

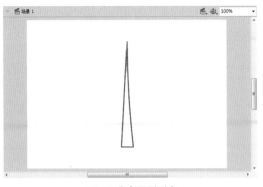

图2-71 分离图形对象

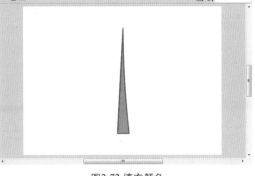

图2-72 填充颜色

06 使用选择工具选择树干的轮廓，在"属性"面板中设置其"笔触颜色"为无，去除轮廓，如图2-73所示。

07 参照树干的绘制，依次绘制树干的分枝。执行"修改" > "合并图形" > "联合"命令，将树干和树枝联合，如图2-74所示。

图2-73 去除轮廓

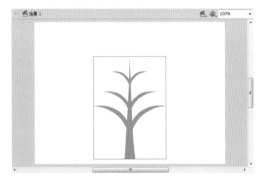

图2-74 联合图形对象

08 新建"图层2"，使用椭圆工具，在舞台上绘制一个"宽度"和"高度"均为80的正圆，如图2-75所示。

09 按"Ctrl＋D"组合键，再制正圆，使用选择工具调整再制圆的位置，如图2-76所示。

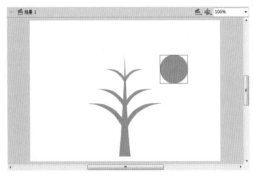

图2-75 绘制圆形

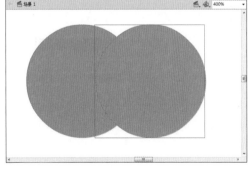

图2-76 再制圆形

10 使用选择工具选择绘制的两个正圆，执行"修改" > "合并图形" > "交集"命令，创建新图形，如图2-77所示。

⑪ 保持新图形为选中状态，在"变形"面板中设置其"缩放宽度"为70%，如图2-78所示。

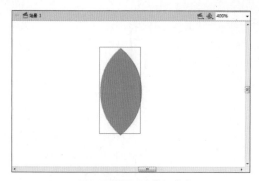
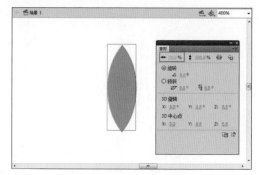

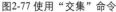
图2-77 使用"交集"命令　　　　　　　　　图2-78 缩放图形对象

⑫ 去除新图形的轮廓，并修改其"填充颜色"为"深黄色"（#FCC700），作为树叶，如图2-79所示。

⑬ 使用任意变形工具选择树叶图形，将变形中心点调整至变形框底部的中间，如图2-80所示。

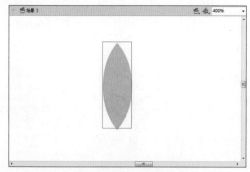
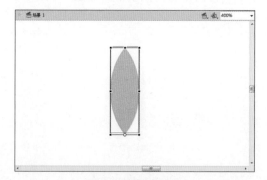

图2-79 去除轮廓、修改填充颜色　　　　　　图2-80 调整变形中心

⑭ 按"Ctrl＋T"组合键，打开"变形"面板，单击"重制选区和变形"按钮，并设置"旋转"值为35.0°，如图2-81所示。

⑮ 选择中间的树叶，在"变形"面板中，单击"重制选区和变形"按钮，设置"旋转"值为-35.0°，如图2-82所示。

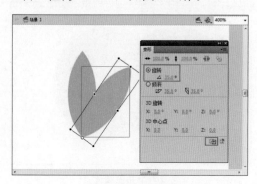
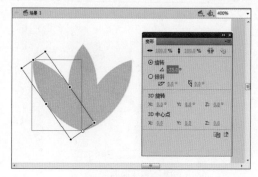

图2-81 旋转图形对象　　　　　　　　　　　图2-82 旋转图形对象

⑯ 使用选择工具选择绘制的3片树叶，执行"修改"＞"合并图形"＞"联合"命令，如图2-83所示。

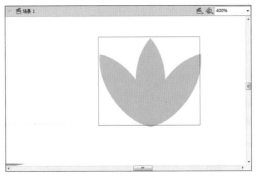

图2-83 联合图形

17 选择联合后的树叶，在"变形"面板中单击"重制选区和变形"按钮，并设置"缩放宽度"和"缩放高度"均为80.0%，如图2-84所示。

18 将缩放后的树叶向下移动，并修改其"填充颜色"为"黄绿色"（#CDD200），如图2-85所示。

图2-84 缩放图形对象

图2-85 修改填充颜色

19 参照树叶的绘制，再次绘制"填充颜色"为"黄色"的树叶并对其进行复制变形，放置在原树叶上，如图2-86所示。

20 使用选择工具选择绘制的3片黄色的树叶，执行"修改" > "合并图形" > "联合"命令，如图2-87所示。

图2-86 绘制图形、填充颜色、复制变形　　图2-87 联合图形对象

21 使用选择工具选择所有的树叶对象，按"Ctrl＋G"组合键将其组合，并将其放置在树干上，如图2-88所示。

22 复制树叶组合图形，并设置"缩放宽度"和"缩放高度"均为75%、"旋转"值为

90°，放置在右侧的树枝上，如图2-89所示。

图2-88 组合图形对象　　　　　图2-89 复制变形图形

㉓ 复制树枝上的图形，并设置"缩放宽度"和"缩放高度"均为60%、"旋转"值为 60°，放置在右侧第2枝树枝上，如图2-90所示。

㉔ 复制第2枝树枝上的图形，设置"旋转"值为45°，放置在右侧第3枝树枝上，如图 2-91所示。

图2-90 复制变形图形　　　　　图2-91 复制变形图形

㉕ 使用选择工具选择树枝上的所有树叶对象，将其复制并在原位置上进行粘贴，如图2-92 所示。

㉖ 保持树枝上的所有树叶对象为选择状态，执行"修改"＞"变形"＞"水平翻转"命 令，如图2-93所示。

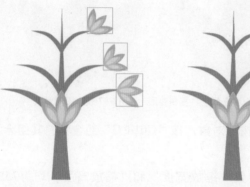

图2-92 复制、粘贴图形　　　　　图2-93 水平翻转图形

㉗ 调整翻转后的所有树叶对象的位置，将其放置在树枝的左侧。再次复制树干上的树叶组合图形，并设置"缩放宽度"和"缩放高度"均为50%，放置在树干与树枝相交处，如图2-94所示。

㉘ 再次复制树干上的树叶组合图形，并设置"缩放宽度"和"缩放高度"均为130%，放置在树干的最顶部，如图2-95所示。至此，完成梦幻树的绘制，最后保存该文档即可。

图2-94 移动图形、复制图形　　　　　图2-95 复制、变形图形

2.6.2　商业应用

在动画中必不可少的就是场景与人物，虽说可以使用绘图工具进行绘制，但也离不开各种图形编辑工具，对所绘图形对象进行编辑后将会展现出另一番效果。在实际应用中，通过复制可以得到多个相同的实例，如图2-96所示。通过编辑实例对象，可以获得更加精美的图像效果，如图2-97所示。

图2-96 通过复制得到多个气球　　　　　图2-97 绘制背景与卡通形象

2.7　本章小结

通过本章的学习，读者了解了五种预览图形对象的模式，掌握了图形的编辑方法，如图形的基本操作、变形操作及合并排列等，能够熟练掌握图形的各种编辑操作。本章通过绘制花海世界和梦幻树两个实例，向读者介绍图形的复制、再制、变形及组合等编辑的实际应用，希望读者学有所成。

2.8 认证必备知识

单项选择题

（1）编辑位图图像时，修改的是＿＿＿＿＿＿。

A.像素

B.曲线

C.直线

D.网格

（2）要使选择对象围绕对角旋转，应执行以下＿＿＿＿＿＿操作。

A.直接拖动对象角点上的控制柄

B.把指针放在对象的边沿拖动

C.按住"Shift"键拖曳控制柄

D.按住"Alt"键拖曳控制柄

多项选择题

（1）下面关于在变形时处理中心点的说法正确的是＿＿＿＿＿＿。

A.要切换偏移或缩放操作的原点，可在变形时按住"Ctrl"键

B.对于元件的实例来说，中心点是缩放、旋转或偏移操作默认的原点

C.要在变形操作时移动中心点，可以拖动该中心点

D.要使元素的默认中心点和变形中心点重新对齐，可以双击中心点

（2）以下关于实例分离操作的叙述，说法错误的是＿＿＿＿＿＿。

A.分离实例就是某个元件实例分解成为一组更小单位的元件集合

B.分离实例后又修改了源元件，则被分离的实例将不会被更新

C.分离实例的操作不仅影响被分离的实例，同时也影响和它同属一个元件的其他实例

D.分离实例这个操作是不可撤销的

判断题

（1）选定对象被变形之后，将不能再将其还原到初始状态。＿＿＿＿＿＿

（2）线条和形状一般出现在叠放顺序的最底层，要将它们移动到叠放顺序的上面，必须先对它们进行组合或使之成为元件。＿＿＿＿＿＿

第 **3** 章 　文本内容的创建与编辑

3.1　任务题目

通过文本的创建与编辑，掌握文本工具的应用，如常见文本的创建、文本属性的设置及文本的变形操作等，从而在动画作品中制作出更加优秀精美的文本内容。

3.2　任务导入

文本是Flash作品中不可或缺的元素，文本工具是必不可少的重要工具。通过文本可以更直观地表达作者所要表现的思想，并且文本的效果也会影响作品的质量。在Flash CS4中可以以多种方式添加文本，如静态文本、动态文本和输入文本，并可以设置文本属性，对文本进行各种缩放、旋转和倾斜等变形处理，以及创建特效文本等。本章将详细介绍文本的相关知识。

3.3　任务分析

1．目的

了解Flash中的4种文本类型，掌握文本创建的方法、文本属性的设置、文本的变形操作，如缩放文本、旋转文本和倾斜文本等。

2．重点

（1）4种文本的创建方法。

（2）文本的属性设置。

（3）文本的变形操作。

3．难点

（1）动态文本的创建。

（2）变形文本的创建。

3.4　技能目标

（1）掌握文本内容创建与编辑的方法。

（2）能够制作出不同特效的文本。

3.5 任务讲析

3.5.1 实例演练——变形渐出字的制作

01 新建一个Flash文档，将"第3章\变形文字\image.jpg"导入库，拖入image.jpg并设置其大小，然后按"F8"快捷键打开"转换为元件"对话框，从中将其转换为"背景"影片剪辑，如图3-1所示。

02 将图层1更名为"背景"，新建"标题"图层，使用文本工具在舞台上创建"雅舍装饰"文本，如图3-2所示。

图3-1 新建文档、拖入图片

图3-2 创建文本

03 选择文本，然后在属性面板中打开滤镜选项区，从中单击添加滤镜按钮，在打开的菜单中选择"发光"选项，以便于为文本添加白色的描边效果。选择该文本，再将其转换为图形元件，如图3-3所示。

04 新建"动态文本1"影片剪辑，利用文本工具输入"实力创造经典 诚信铸就品牌"字样，如图3-4所示。

图3-3 将文本转换为图形元件

图3-4 创建动态文本

05 在"动态文本1"元件中，由上往下创建图层12～2。保持文本的选择状态，将其分离为单个文字，如图3-5所示。

06 选择文字"实"并将其转换为图形元件。用同样的方法依次将其他文字也转换为图形元件，如图3-6所示。

图3-5 分离文本

图3-6 将文字转换为元件

07 选择图层1中的"实力创造经典 诚信铸就品牌"文本，将其剪切。选择"图层2"中的第1帧，然后进行粘贴操作，如图3-7所示。

08 参照图层2中关键帧的添加方法，依次为图层3～12添加文本。后面各图层的起始关键帧与前面图层相差1帧，如图3-8所示。

图3-7 剪切、粘贴文本

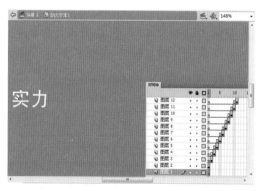

图3-8 添加其他文本

09 在图层1的第3帧、第4帧、第11帧、第12帧、第13帧插入关键帧，并在各关键帧间创建传统补间动画。选择第1帧所对应的实例，在"变形"面板中设置其属性，如图3-9所示。

10 选择图层1中第1帧所对应的实例，在"属性"面板的"色彩效果"栏中设置"样式"为"高级"，设置Alpha值为8%，如图3-10所示。

图3-9 创建传统补间动画、变形实例

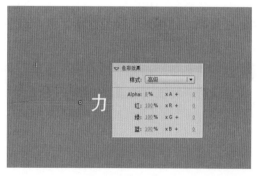

图3-10 设置Alpha值

⑪ 参照图层1中第1帧实例的属性设置，设置第3帧实例的宽度为638.5%、水平倾斜值为69.2°、Alpha值为23%。在设置第4帧、第11帧、第12帧中实例的宽度分别为584.6%、207.7%、153.8%，水平倾斜值分别为62.3°、13.8°、6.9°，Alpha值分别为31%、85%、92%，如图3-11、图3-12所示。

图3-11 设置实例属性1　　　　　　　　　　　　图3-12 设置实例属性2

⑫ 参照图层1中各关键帧的设置方法，创建图层2～12中的各关键帧，并制作出各文本的渐变动画，如图3-13所示。

⑬ 参照"动态文本1"影片剪辑元件的创建，创建"动态文本2"影片剪辑元件，其对应的文本为"精品设计 高贵不贵"，如图3-14所示。

图3-13 制作各文本的渐变动画　　　　　　　　　图3-14 创建"动态文本2"

⑭ 新建"文本总动画"影片剪辑元件，将"动态文本1"元件拖至舞台，并调整实例的位置，如图3-15所示。

⑮ 在第46帧处插入空白关键帧。将"动态文本2"元件拖至舞台合适位置。再在第80帧插入帧，如图3-16所示。

⑯ 返回主场景，新建"广告语"图层，将"文本总动画"元件拖至舞台的合适位置。最后保存并测试该动画，如图3-17所示。

图3-15 新建影片剪辑元件

图3-16 拖入"动态文本2"

图3-17 测试动画

3.5.2 基础知识解析

1.动画中使用的两种字体

在Flash中输入文本时，Flash会将字体的相关信息存储到Flash的SWF文件当中，这样就可以保证在用户浏览Flash影片时，字体能够保持正常显示。在Flash CS4中创建文本，既可以使用嵌入字体，也可以使用设备字体。下面将具体介绍这两种字体。

（1）使用嵌入字体

在Flash影片中使用安装在系统中的字体时，Flash中嵌入的字体信息将保存在SWF文件中，以确保这些字体能在Flash播放时完全显示出来。但不是所有显示在Flash中的字体都能够与影片一起输出。为了验证一种字体是否能够与影片一起输出，可以执行"视图" > "预览模式" > "消除文字锯齿"命令预览文本。如果此时显示的文本有锯齿，就说明Flash不能识别字体的轮廓，该字体不能被导出。

（2）使用设备字体

Flash中，可以使用称作设备字体的特殊字体作为导出字体轮廓信息的一种替代方式，但这仅适用于静态水平文本。设备字体并不嵌入Flash SWF文件中。在Flash中，使用通用设备字体作为嵌入式字体轮廓信息的替换字体。Flash包括三种通用设备字体：_sans（类似于Helvetica或Arial字体）、_serif（类似于Times Roman字体）和_typewriter（类似于Courier字体）。当用户指定其中的一种字体然后导出文档时，Flash Player会在用户的计算机上使用一种与通用设备字体最为接近的字体。

由于设备字体不是嵌入的，使用这种字体时会使SWF文件变小，还会提升文本在磅数较少（低于10磅）时的清晰度。但是，如果用户的计算机没有安装与设备字体对应的字体，那么文本的显示可能会与预期的不同。

此外，可以使用影片剪辑遮罩另一个影片剪辑中的设备字体文本（不能通过在舞台上使用遮罩层来遮罩设备字体），使用影片剪辑遮罩设备字体文本时，Flash会将遮罩的矩形边框用作遮罩形状。换句话说，如果用户在Flash创作环境中为设备字体文本创建非矩形的影片剪辑遮罩，那么出现在SWF文件中的遮罩将呈现为该遮罩的矩形边框的形状，而不是该遮罩本身的形状。

2.文本工具

在Flash中包含了3种文本对象，分别是静态文本、动态文本和输入文本，还可以创建滚动文本。使用Flash中的文本工具，可以创建横排文本或竖排文本。用户可以使用以下两种方法调用文本工具：①选择工具箱中的文本工具[T]；②按"T"键。

在输入文字时，可以使用以下两种方式。

默认状态：不固定宽度的单行模式，输入框可以随着用户的输入自动扩展（生成文本标签）。

固定宽度模式：输入框已经限定了宽度，超过限制宽度时，Flash将自动换行（生成文本块）。

默认状态下，当用户选择文本工具后，在舞台上单击鼠标左键，即可看到一个右上角有小圆圈的文字输入框，如图3-18所示。在固定宽度模式下，用户在选择文本工具后，可以在舞台上单击鼠标左键并拖曳鼠标，创建一个文本输入框，此时文本输入框的右上角会出现一个小方框，如图3-19所示。

图3-18 默认状态　　　　　　　　　图3-19 固定宽度模式

（1）创建静态文本

静态文本就是动画制作阶段创建、在动画播放阶段不能改变的文本。静态文本是Flash中应用最为广泛的一种文本格式，主要应用于文字的输入与编排，起解释说明的作用，是大量信息的传播载体，也是文本工具的最基本功能，具有较为普遍的属性。此外，静态文本只能在Flash创作工具中创建。不能使用ActionScript以编程方式对静态文本进行实例化。

（2）创建动态文本

动态文本可以显示外部文件中的文本，主要应用于数据的更新。在Flash中，界面中一些需要进行动态更新的内容以及能够被浏览者选择的文本内容通常用动态文本来显示。在Flash中制作动态文本区域后，创建一个外部文件，通过脚本语言的编写，使外部文件链接到动态文本框中。

在"属性"面板中的"文本类型"下拉列表框中选择"动态文本"选项，即可切换到动态文本输入状态。在选择动态文本时，"属性"面板显示如图3-20所示。

在动态文本的"属性"面板中，各主要选项的含义如下。

❖ 实例名称：在Flash中，文本框也是一个对象，这里就是为当前文本指定一个对象名称。

❖ 行为：当文本包含的文本内容多于一行的时候，使用"段落"栏中的"行为"下拉列表框，可以使用单行、多行（自动回行）和多行不换行进行显示。

❖ 将文本呈现为HTML：在"字符"栏中单击 按钮，可制定当前的文本框内容为HTML内容，这样一些简单的HTML标记就可以被Flash播放器识别并进行渲染了。

❖ 在文本周围显示边框：在"字符"栏中单击 按钮，可显示文本框的边框和背景。

❖ 变量：在该文本框中，可为动态文本输入变量名称。

（3）创建输入文本

输入文本主要应用于交互式操作的实现，目的是让浏览者填写一些信息以达到某种信息交换或收集的目的。例如，常见的会员注册表、搜索引擎或个人简历表等。

在输入文本类型中，对文本各种属性的设置主要是为浏览者的输入服务的，如当浏览者输入文字时，会按照在"属性"面板中对文字颜色、字体和字号等参数的设置来显示输入的文字。输入文本是让用户进行直接输入的地方，可以通过用户的输入得到特定的信息，如用户名称和用户密码等。

在"属性"面板中的"文本类型"下拉列表框中选择"输入文本"选项，即可切换到输入文本所对应的"属性"面板，如图3-21所示。

图3-20 动态文本的"属性"面板　　图3-21 输入文本的"属性"面板

在输入文本中，"行为"下拉列表框中还包括"密码"选项，选择该选项后，用户的输入内容全部用"*"进行显示。最大字符数则规定用户输入字符的最大数目。

（4）创建滚动文本

在Flash CS4中，通过使用菜单命令或文本字段手柄使动态文本或输入文本字段能够滚动。此操作不会将滚动条添加到文本字段，而是允许用户使用箭头键（对于文本字段同样设置为"可选"）或鼠标滚轮滚动文本。用户必须首先单击文本字段来使其获得焦点。

用户还可以将动态文本转换为可滚动文本，有以下3种方法。

按住"Shift"键并双击动态文本字段上的右下手柄。手柄将从空心方形（不可滚动）变为实心方形（可滚动），如图3-22、图3-23所示。

图3-22 空心方形　　　　　　　　　　图3-23 实心方形

使用选择工具选择动态文本字段，然后执行"文本">"可滚动"命令。

使用选择工具选择动态文本字段，单击鼠标右键，在弹出的快捷菜单中执行"可滚动"命令，如图3-24所示。

图3-24 使用快捷菜单命令

3.设置文本属性

在Flash CS4中，可以设置文本的字体和段落属性。字体属性包括字体系列、磅值、样式、颜色、字母间距、自动字距微调和字符位置。段落属性包括对齐、边距、缩进和行距。

静态文本的字体轮廓将导出到发布的SWF文件中。对于水平静态文本，可以使用设备字体，而不必导出字体轮廓。

对于动态文本或输入文本，Flash存储字体的名称，Flash Player在用户系统上查找相同或相似的字体。也可以将字体轮廓嵌入动态或输入文本字段中。嵌入的字体轮廓可能会增加文件大小，但可确保用户获得正确的字体信息。

创建新文本时，Flash使用"属性"面板中当前设置的文本属性。选择现有的文本时，可以使用"属性"面板更改字体或段落属性，并指示Flash使用设备字体而不使用嵌入字体轮廓信息。

（1）**文本的基本属性**

通过"属性"面板可以设置文本的基本属性，如字体的系列、样式、大小、字母间距等，如图3-25所示。

（2）**设置文本方向**

在Flash CS4中，用户可以通过单击"属性"面板中"静态文本"栏右侧的"改变文本方向"按钮，在弹出的下拉菜单中选择相应的命令，如图3-26所示，即可改变文本的方向。

图3-25 文本的基本属性

图3-26 文本方向

在改变文本方向的下拉菜单中，各选项的含义分别如下。

水平：选择该命令，可以使文本从左向右水平排列（该选项为默认设置）。

垂直，从左向右：选择该命令，可以创建从左向右垂直排列的文本，如图3-27所示。

垂直，从右向左：选择该命令，可以创建从右向左垂直排列的文本，如图3-28所示。

图3-27 从左向右排列文本

图3-28 从右向左排列文本

（3）**设置段落文本属性**

在Flash CS4中，用户可以在"属性"面板的"段落"栏中设置段落文本的缩进、行距、左边距和右边距等。其中，边距决定了文本字段的边框与文本之间的间隔量；缩进决定了段落边界与首行开头之间的距离；行距决定了段落中相邻行之间的距离；对于垂直文本，行距将调整各个垂直列之间的距离；在"行为"下拉菜单中可设置单行、多行和多行不换行，如图3-29所示。

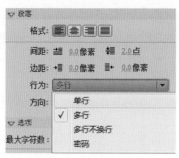

图3-29 "段落"属性

（4）设置文本对齐

在Flash CS4中，设置文本的对齐方式可以分为水平和垂直两种。

创建水平文本时，在"属性"面板的"段落"栏中，可以通过单击"左对齐"按钮▤、"居中对齐"按钮▤、"右对齐"按钮▤和"两端对齐"按钮▤这4种按钮来设置水平文本的对齐方式，各按钮的含义分别如下。

"左对齐"按钮▤：位于文本框的水平位置左对齐。左对齐是文本默认的对齐方式，其对齐效果如图3-30所示。

"居中对齐"按钮▤：位于文本框的水平位置居中对齐，其对齐效果如图3-31所示。

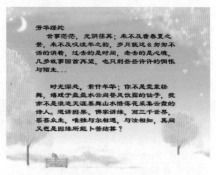

图3-30 左对齐文本   图3-31 居中对齐文本

"右对齐"按钮▤：位于文本框的水平位置右对齐，其对齐效果如图3-32所示。

"两端对齐"按钮▤：单击该按钮，可以将文本框内的文字位于文本框的两端对齐，其对齐效果如图3-33所示。

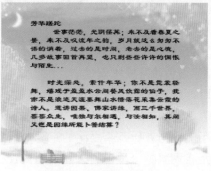

图3-32 右对齐文本   图3-33 两端对齐文本

创建垂直文本时，在"属性"面板的"段落"栏中，可以通过单击"顶对齐"按钮▥、"居中"按钮▥、"底对齐"按钮▥和"两端对齐"按钮▥这4种按钮来设置垂直文本的对齐方式，各按钮的含义分别如下。

"顶对齐"按钮▥：位于文本框的垂直位置顶对齐。顶对齐是文本默认的对齐方式，其对齐效果如图3-34所示。

"居中"按钮▥：位于文本框的垂直位置居中对齐，其对齐效果如图3-35所示。

图3-34 顶对齐文本

图3-35 居中对齐文本

"底对齐"按钮▥：位于文本框的垂直位置底对齐，其对齐效果如图3-36所示。

"两端对齐"按钮▥：单击该按钮，可以将文本框内的文字位于文本框的两端对齐，其对齐效果如图3-37所示。

图3-36 底对齐文本

图3-37 两端对齐文本

4.变形文本

在Flash CS4中，用户也可以像变形其他对象一样对文本进行变形操作。在进行动画创作过程中，可对文本进行缩放、旋转、倾斜等操作，通过将文本转换为图形，制作出更丰富的变形文字。

（1）整体缩放文本

在Flash CS4中，除了在"属性"面板中设置字体的大小、改变文本的大小，还可以使用任意变形工具▥或变形命令对文本整体进行缩放变形。

输入文字，形成一个文字框，用户可以使用任意变形工具来缩放。使用任意变形工具，选中文本框，此时文本框周围会出现八个方形控制点，将鼠标顺着箭头方向拖动文字框上的控制点，就可以自由地缩放文字了，如图3-38、图3-39所示。

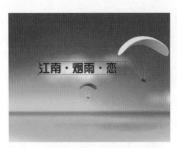 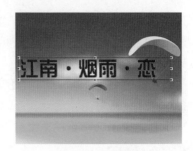

图3-38 文本缩放前　　　　　　　　　　　　　图3-39 文本缩放后

（2）旋转与倾斜文本

在Flash CS4中，将鼠标指针放置在以任意变形工具选择文本块的变形框的不同控制点上，鼠标指针的形状也会发生变化。将鼠标指针放置在变形框的4个角的控制点上，当鼠标指针变为↻形状时，可以旋转文本块，如图3-40所示。将鼠标指针放置在变形框的左、右两边中间的控制点上，当鼠标指针变为‖形状时，可以上下倾斜文本块，如图3-41所示。将鼠标指针放置在变形框的上、下两边中间的控制点上，当鼠标指针变为⇌形状时，可以左右倾斜文本块，如图3-42所示。

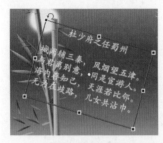 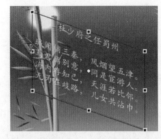 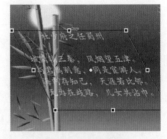

图3-40 旋转文本　　　　　　　图3-41 上下倾斜文本　　　　　　图3-42 左右倾斜文本

（3）将文本转换为图形

在Flash CS4中，可以对文本进行一些更为复杂的变形操作，可以通过执行"修改" > "分离"命令，将文本转换为图形，然后通过扭曲、封套、变形文字的某个笔画、填色等操作，制作出更为丰富的文字效果。

若要给文字添上渐变色，则要先打散文字对象，使用"分离"命令或"Ctrl＋B"组合键将文字打散，如图3-43所示。然后再次使用该命令，效果如图3-44所示。接着给文字填充颜色，选择工具箱中的颜料桶工具，在"属性"面板中选择要填充的颜色，这时文字就被填充了颜色，如图3-45所示。

图3-43 分离文本　　　　　　　图3-44 再次分离文本　　　　　　图3-45 填充颜色

3.6 能力拓展

3.6.1 触类旁通——渐变色文字

01 新建一个Flash文件，使用文本工具在舞台中输入相应的文本内容，然后按"Ctrl＋B"组合键将其分离为文本图形，如图3-46所示。

02 选择墨水瓶工具，设置"笔触颜色"和"笔触高度"分别为"白色"和1，在分离后的文本上依次单击鼠标左键，为文本图形描边，如图3-47所示。

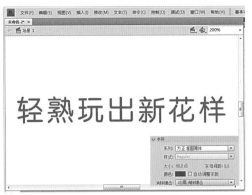

图3-46 创建并分离文本

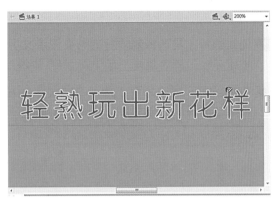

图3-47 为文本图形描边

03 按"Delete"键删除选中状态的文本填充图形。新建"图层2"，使用矩形工具在舞台上绘制一个矩形块，将文本图形完全遮盖住，如图3-48所示。

04 在"颜色"面板中，修改填充色为从"蓝色"（#6067B4）到"浅紫色"（#AB65EC）再到"蓝色"（#6067B4）的线性渐变，如图3-49所示。

图3-48 绘制矩形块

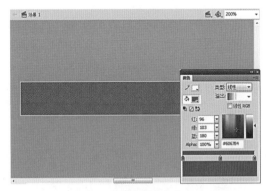

图3-49 填充渐变颜色

05 选择"图层1"中的白色文本描边，将其剪切，并粘贴至"图层2"中。删除文本图形外的多余填充和白色的描边，制作渐变文字，如图3-50所示。

06 使用任意变形工具选择渐变文字，单击"封套"按钮，调出封套变形框，调整控制手柄的位置，制作出波浪文字的效果，如图3-51所示。

图3-50 制作渐变字　　　　　　　　　　　　图3-51 制作波浪文字

07 使用选择工具选择制作好的渐变波浪文字，按"F8"快捷键将其转换为"文本1"影片剪辑元件，删除舞台上的"文本1"实例，如图3-52所示。

08 参照渐变文字的创建方法，在舞台上创建填充色为从洋红色到浅蓝色再到绿色的"春的律动姿态"渐变文本，如图3-53所示。

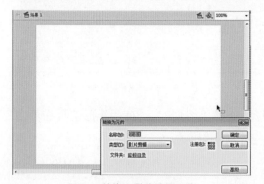

图3-52 转换为影片剪辑元件　　　　　　　　图3-53 制作渐变文本

09 选择"的"文本所对应的图形，在锁定状态下调整其"高度"为53。使用相同的方法依次调整"动"和"态"文本所对应图形的高度，如图3-54所示。

10 选择"春"文本所对应的图形，按"F8"键将其转换为影片剪辑元件。使用相同的方法，对其他文本进行设置，如图3-55所示。

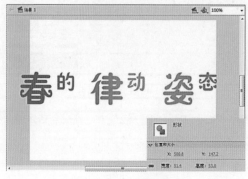

图3-54 调整文本图形高度　　　　　　　　　图3-55 转换为影片剪辑元件

⑪ 调整舞台上各实例的位置，对文本实例进行排列，将制作好的"文本1"元件拖至舞台适当位置，至此，完成渐变文本的创建，如图3-56所示。

⑫ 打开"第3章\渐变色文字\网络广告素材.fla"文档，将制作好的渐变文字应用至该动画中，并制作渐变文字的出场动画，如图3-57所示。

图3-56 排列实例文本

图3-57 将渐变文字应用到动画

⑬ 保存文件，测试影片，效果如图3-58、图3-59所示。

图3-58 测试动画界面1

图3-59 测试动画界面2

3.6.2 商业应用

　　文本是Flash动画中不可或缺的元素。在动画中添加一些必要的文字说明，有助于突出动画主题，使观赏者能够迅速获取主要信息。图3-60和图3-61所示为新浪网中的有关NBA赛事的Flash动画。

图3-60 新浪网NBA赛事Flash1

图3-61 新浪网NBA赛事Flash2

3.7 本章小结

通过本章的学习，读者了解了Flash中4种文本类型及其创建方法，掌握了文本工具的使用、文本的属性设置以及文本的变形操作等。通过练习，读者要熟练掌握文本内容创建与编辑的方法。本章通过两个特殊字效的制作，向读者介绍文本的创建与编辑，希望读者在动画制作过程中恰当地应用文本，起到画龙点睛的作用。

3.8 认证必备知识

单项选择题

（1）以下不属于Flash文本的是_____。

A.静态文本 　　　　　　　　　B.动态文本

C.超链接文本 　　　　　　　　D.输入文本

（2）使用工具箱的_____可以对文本块进行变形操作，就像对其他对象进行变形操作一样。

A.选择工具 　　　　　　　　　B.任意变形工具

C.缩放工具 　　　　　　　　　D.填充颜色

多项选择题

（1）创建了一个文本对象后可对其进行的操作有_____。

A.分离文本 　　　　　　　　　B.变形文本

C.填充文本 　　　　　　　　　D.转换为元件

（2）对文本的变形操作有_____。

A.缩放 　　　　　　　　　　　B.扭曲

C.旋转与倾斜 　　　　　　　　D.描边

判断题

（1）在Flash中可以创建3种传统文本，分别是静态文本、动态文本和输入文本。_____

（2）当系统中缺少Flash文档所需的字体时，若确定要选择替换字体，则会出现"字体映射"对话框。_____

第4章　图层和时间轴的应用

4.1　任务题目

通过电子相册和按钮特效的制作，掌握图层和时间轴的应用，包括图层的基本操作、图层文件夹的创建与管理、帧的编辑操作等，能够熟练应用图层和时间轴创作Flash动画。

4.2　任务导入

时间轴是Flash中最核心的部分，所有的动画顺序、动作行为、控制命令及声音等都是在时间轴中编排的。学会使用时间轴是制作动画的基础。图层是时间轴的一部分，在一个完整的动画中，会用到多个图层，每个图层分别控制不同的动画效果。本章主要介绍图层和时间轴的功能特点，以及在制作动画过程中的具体应用。

4.3　任务分析

1．目的

了解图层和时间轴的概念，掌握图层和时间轴的应用，包括图层的基本操作、图层文件夹的创建与管理、帧的编辑操作等。

2．重点

（1）图层的基本操作。

（2）图层文件夹的创建和管理。

（3）帧的编辑。

3．难点

（1）图层的复制与排列。

（2）帧的插入与移动。

4.4　技能目标

（1）掌握图层和时间轴的应用。

（2）能够学以致用，独立制作Flash动画。

4.5 任务讲析

4.5.1 实例演练——制作电子相册

01 新建一个Flash文档，宽和高均为550像素，背景颜色为黑色，如图4-1所示，并将"第4章\电子相册\素材\001.jpg～008.jpg"图片素材导入到库中，如图4-2所示。

图4-1 新建文档

图4-2 导入图片素材

02 新建按钮元件1，将库中的图片"001.jpg"拖至舞台合适位置。参照按钮元件1的制作方法，依次利用库中的"002.jpg～008.jpg"制作按钮元件2～8，最后将这些按钮统一存放在"按钮"文件夹中，如图4-3所示。

03 新建名为"相框"的图形元件，从中绘制一个"宽"和"高"分别为514像素和390像素的银灰色空心矩形，如图4-4所示。

图4-3 按钮元件

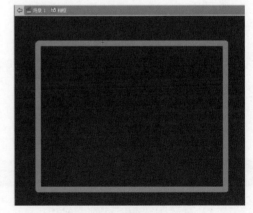

图4-4 绘制矩形

04 新建影片剪辑"相册展示"，新建"起始"图层，将库中"按钮1"元件拖入第1帧中，如图4-5所示。

05 新建"相框"图层，如图4-6所示，然后拖入"相框"元件，并调整其位置在图片外侧，在第320帧处插入帧。新建"起始动作"图层，选择第1帧，按"F9"键打开动作面板，从中添加代码Stop();。

图4-5 新建影片剪辑元件

图4-6 新建相框图层

06 新建"图片1"图层，在第2帧处插入关键帧，并拖入"按钮1"元件，在第40帧处插入帧，最后在第2～40帧间创建补间动画，如图4-7所示。

07 单击第2帧图案，在"属性"面板中设置其"样式：亮度"值为"-100"，如图4-8所示，设置第40帧中该图案的亮度为"0"。新建"动作1"图层，在第40帧处添加代码Stop();。

图4-7 创建补间动画

图4-8 调整亮度、添加脚本

08 新建"图片2"图层，在第41帧处插入关键帧，拖入"按钮2"元件，设置图案的亮度为"-100"，在第80帧处插入帧，设置亮度为"0"，如图4-9所示。

09 新建"动作2"图层，在第80帧处添加代码Stop();。用同样的方法依次制作其他6张图片的动画效果，如图4-10所示。

图4-9 设置属性

图4-10 新建图层、添加脚本

⑩ 每张图片在每一层的起始位置间隔40，即图片1～图片8的帧开始位置分别为2、41、81、121、161、201、241、281，如图4-11所示。

⑪ 结束位置分别为40、80、120、160、200、240、280、320，每张图片动作长度都为39帧，每个图片层上方皆有一个动作层，如图4-12所示。在图层"动作1～8"对应图片层的结束位置帧处添加代码Stop();。

图4-11 设置图片位置间隔

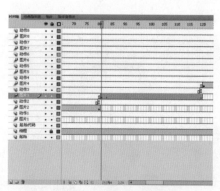

图4-12 设置结束位置

⑫ 新建名为"缩略图集合"影片剪辑，新建"图层1～8"。每个图层对应放入"按钮1～8"，"宽"和"高"统一设置为100和75，并垂直居中和等间隔水平分布，间隔值为120，实例名btn_1～8，如图4-13、图4-14所示。

⑬ 新建按钮元件"左箭头"，绘制向左箭头。同样新建"右箭头"按钮，新建"遮罩"图形，绘制宽456、高90的蓝色矩形，如图4-15所示。

⑭ 新建影片剪辑"图片菜单"，在图层1上放"缩略图集合"剪辑元件，在图层2上放"遮罩"图形元件，在图层3上放左右箭头按钮元件，如图4-16所示。

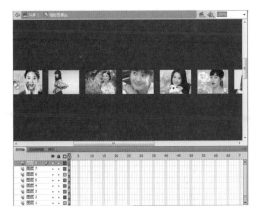

图4-13 新建图层

图4-14 "属性"面板

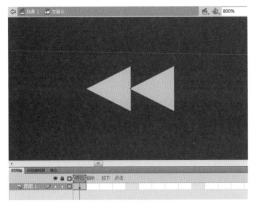

图4-15 绘制左箭头

图4-16 新建图层、放置元件

⑮ 调整遮罩图形及按钮的位置，使"遮罩"图形恰好遮盖住"缩略图集合"影片剪辑的前4张缩略图，而左右箭头也分别在"遮罩"两端，如图4-17所示。

⑯ 将图层2设为图层1的遮罩层。设置左右箭头按钮实例名为larrow和rarrow，设置"缩略图集合"的实例名称pics，如图4-18所示。

图4-17 调整遮罩位置

图4-18 设置遮罩层、实例名

⑰ 返回主场景。新建"展示"和"菜单"图层，然后将"相册展示"和"图片菜单"分

别拖入这两个图层，并设置其实例名为display和menu，如图4-19所示。

⑱ 新建"动作"图层，并从中添加代码（具体代码可查看案例源文件），以实现整个动画的过程。最后保存并测试该动画效果，如图4-20所示。

图4-19 新建图层、设置实例名　　　　　　　图4-20 测试动画

4.5.2　基础知识解析

1.图层和时间轴的概念

图层与时间轴是Flash动画制作中的重要组成部分。下面将详细介绍Flash中的图层与时间轴。

（1）图层

使用图层有助于内容的整理。每个图层上都可以包含任意数量的对象，这些对象在该图层上又有其他自己内部的层叠顺序。图层中可以加入文本、图片、表格、插件，组成一幅幅复杂丰富的画面。在Flash中，每个图层都是相互独立的，拥有独立的时间轴和独立的帧，可以在一个图层上任意修改图层中的内容而不会影响到其他图层的内容。

当创建了一个新的Flash文档之后，时间轴中仅包含一个图层。根据需要，用户可自行添加更多图层，以便在文档中组织和管理对象。用户可以对图层进行各种操作，如添加图层、切换图层的状态、更改图层的类型、使用图层的特殊功能及制作效果等。

Flash中的图层可分为6种类型，如图4-21所示。

图4-21 图层类型

在Flash CS4中，各图层类型的含义如下。

✦ 普通图层：普通状态下的图层，是最常见的层，用来显示动画的内容。

✦ 文件夹层：文件夹层可以将层分组，被放到同一个文件夹中的层可以作为整体来设置显示模式，而且还可以收起来，节省界面空间。

✦ 遮罩层：放置遮罩的图层，其作用是可以对下一图层（被遮罩层）进行遮盖。在遮罩层中可以绘制出各种形状，无论这些形状填充什么颜色，只有这些形状所在的位置才会显示被遮罩层中的内容。

✦ 被遮罩层：与遮罩层相对应。

✦ 引导层：这种类型的图层可以设置引导线，用来引导被引导层中的图形依照引导线进行移动。当图层被设置为引导层时，在图层名称的前面会出现一个引导形状的图标，此时该引导层下方的图层被默认为被引导层。

✦ 被引导层：与引导层相对应。

（2）时间轴

时间轴用于组织和控制一定时间内的图层和帧中的文档内容。与胶片一样，Flash文档也将时长分为帧。图层就像堆叠在一起的多张幻灯片一样，每个图层都包含一个显示在舞台中的不同图像。时间轴的主要组件是图层、帧和播放头。

在时间轴的左侧为"图层查看"区，右侧为"帧查看"区。时间轴顶部为时间轴标题指示帧编号。播放头指示当前在舞台中显示的帧。播放文档时，播放头从左向右通过时间轴。在时间轴底部显示的时间轴状态会指示所选的帧编号、当前帧速率以及到当前帧为止的运行时间。

在Flash CS4中，"时间轴"面板是创建动画的基础面板，执行"窗口"＞"时间轴"命令，或按"Ctrl＋Alt＋T"组合键，即可打开"时间轴"面板，如图4-22所示。

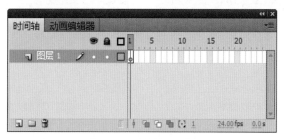

图4-22 "时间轴"面板

在"时间轴"面板中，各主要选项的含义如下。

✦ 图层：可以在不同的图层中放置相应的对象，从而产生层次丰富、变化多样的动画效果。

✦ 播放头：用于表示动画当前所在帧的位置。

✦ 关键帧：时间轴中用于放置对象的帧，黑色的实心圆表示已经有内容的关键帧，空心圆表示没有内容的关键帧，也称空白关键帧。

✦ 当前帧：播放头当前所在帧的位置。

✦ 帧频率：当前动画每秒钟播放的帧数。

✦ 运时时间：播放到当前位置所需要的时间。

❖ 帧标尺：显示时间轴中的帧所使用时间的长度标尺，每一格表示一帧。

小知识：实际帧频

在播放动画时，将显示实际的帧频。如果计算机不能足够快地计算和显示动画，那么该帧频可能与文档的帧频设置不一致。

2. 图层的基本操作

使用图层可以很好地对舞台中的各个对象分类组织，并且可以将动画中的静态元素和动态元素分割开，减少整个动画文件的容量。下面将介绍创建、命名、选择、删除、复制、排列图层等基本操作的具体方法。

（1）创建图层

新创建一个Flash文件时，Flash会自动创建一个图层，并命名为"图层1"。此后，如果需要添加新的图层，可以使用以下3种方法。

❖ 执行"插入">"时间轴">"图层"命令。

❖ 在"图层"编辑区选择已有的图层，单击鼠标右键，在弹出的快捷菜单中选择"插入图层"命令。

❖ 单击"图层"编辑区中的"新建图层"按钮。

（2）命名图层

Flash默认的图层名是以"图层1"、"图层2"等命名的，为了便于区分各图层放置的内容，可为各图层取一个直观好记的名称，这就需要对图层进行重命名。重命名图层有以下3种方法。

❖ 在图层名称上双击鼠标左键，使其进入编辑状态，在文本框中输入新名称，如图4-23、图4-24所示。

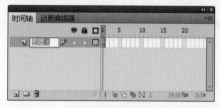
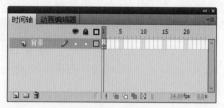

图4-23 编辑状态　　　　　　图4-24 输入新名称

❖ 选择要重命名的图层并右击，在弹出的快捷菜单中选择"属性"命令，打开的"图层属性"对话框，如图4-25所示，在"名称"文本框中输入名称，然后单击"确定"按钮，即可为图层重命名。

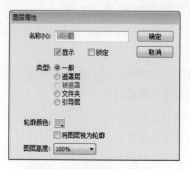

图4-25 "图层属性"对话框

❖ 选择要重命名的图层，执行"修改">"时间轴">"图层属性"命令，在打开的"图层属性"对话框中也可以对图层重命名。

（3）选择图层

选择图层包括选择单个图层、相邻的多个图层、不相邻的多个图层3种方式。在Flash CS4中，选择单个图层有以下3种方法。

❖ 在时间轴的"图层查看"区中的某个图层上单击，即可将其选择。

❖ 在时间轴的"帧查看"区的帧格上单击，即可选择该帧所对应的图层。

❖ 在舞台上单击要选择图层中所含的对象，即可选择该图层。

（4）删除图层

对于不需要的图层内容，可以将其删除掉，方法主要有以下3种。

❖ 选择要删除的图层，按住鼠标左键不放，将其拖动到"删除"按钮 🗑 上，释放鼠标即可删除所选图层。

❖ 选择要删除的图层，然后单击"删除"按钮 🗑 ，即可将选择的图层删除。

❖ 选择要删除的图层，单击鼠标右键，在弹出的快捷菜单中选择"删除图层"命令。

（5）复制图层

在Flash CS4中，要想复制某图层中的内容，可先选择要复制的图层，执行"编辑">"时间轴">"复制帧"命令或在要复制的帧上单击鼠标右键，在弹出的快捷菜单中选择"复制帧"命令，如图4-26所示。然后选择要粘贴帧的新图层，执行"编辑">"时间轴">"粘贴帧"命令或在要粘贴的帧上单击鼠标右键，在弹出的快捷菜单中选择"粘贴帧"命令，即可复制图层中的内容，如图4-27所示。

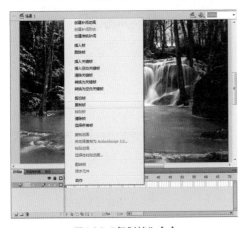

图4-26 "复制帧"命令

图4-27 复制图层完成

（6）排列图层顺序

在Flash中，可以通过移动图层重新排列图层的顺序。选择要移动的图层，按住鼠标左键并拖动，图层以一条粗横线表示，如图4-28所示，拖动图层到相应的位置，释放鼠标，即可将图层拖动到新的位置，改变图层的排列顺序，如图4-29所示。

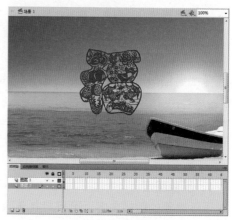

图4-28 拖动图层　　　　　　　　　图4-29 改变图层排列顺序

3.查看图层的状态

在Flash CS4中，用户可以查看图层的当前状态，并进行显示或隐藏图层、锁定图层以及显示图层轮廓的操作。下面分别向用户介绍这几种图层状态的特点以及应用。

（1）显示与隐藏图层

如果舞台上的对象太多，操作起来会感觉纷繁杂乱、无从下手。在不能删除舞台上的对象时，可以通过将部分图层隐藏使舞台更有条理，操作更加方便明了，如图4-30、图4-31所示。

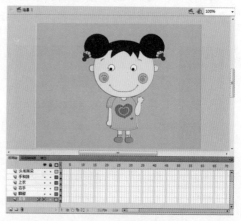

图4-30 显示背景图层　　　　　　　图4-31 隐藏背景图层

隐藏和显示图层有以下3种方法。

✤ 单击图层名称右侧的隐藏栏即可隐藏图层，隐藏的图层上将标记一个✖符号，再次单击隐藏栏则显示图层。

✤ 单击"显示/隐藏所有图层"按钮👁，可以将所有的图层隐藏，再次单击则显示所有图层。注意图层被隐藏后不能对其进行编辑。

✤ 在图层的隐藏栏中上下拖动鼠标，可以隐藏多个图层或取消隐藏多个图层。

（2）锁定图层

在Flash CS4中，除了隐藏图层外，还可以用锁定图层的方法防止不小心修改已编辑好的图层中的内容。选定要锁定的图层，单击🔒图标下方该层的·图标，当·图标变为🔒图标时，表示该图层处于锁定状态，再次单击该层中的🔒图标即可解锁，如图4-32所示。

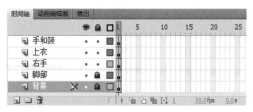

图4-32 锁定图层

（3）显示图层的轮廓

图层处于轮廓显示时，舞台中的对象只显示其角色外的轮廓。当某个图层中的对象被另外一个图层中的对象所遮盖时，可以使遮盖层处于轮廓显示，以便于对当前图层进行编辑。显示轮廓有以下3种方法。

❖ 单击某一图层中的"轮廓显示"按钮▣，可以使该图层中的对象以轮廓方式显示，如图4-33所示，再次单击该按钮，可恢复图层中对象的正常显示，如图4-34所示。

图4-33 轮廓显示对象

图4-34 正常显示对象

❖ 单击"时间轴"面板上的"将所有对象显示为轮廓"按钮▣，可将所有图层上的对象显示为轮廓，再次单击可恢复显示。

❖ 在轮廓线列拖曳鼠标可以使多个图层中的对象以轮廓的方式显示或恢复正常显示。

> 🌀 **小知识：轮廓颜色**
>
> 每个对象的轮廓颜色和其所在图层右侧的"将所有对象显示为轮廓"图标的颜色相同，这样就可以一眼看出哪个对象属于哪个图层，以便于操作。

4.图层文件夹的创建与管理

图层文件夹可以使图层的组织更加有序，在图层文件夹中可以嵌套其他图层文件夹。图层文件夹可以包含任意图层，包含的图层或图层文件夹将缩进显示。

（1）创建图层文件夹

通过图层文件夹，可以将图层放在一个树形结构中，这样有助于组织工作流程。要查看文件夹包含的图层而不影响在舞台中可见的图层，需展开或折叠该文件夹。文件夹中可以包含图层，也可以包含其他文件夹，使用户可以像在计算机中组织文件一样来组织图层。

在Flash CS4中，新建图层文件夹有以下3种方法。

✤ 执行"插入" > "时间轴" > "图层文件夹"命令。

✤ 在"图层"编辑区中单击鼠标右键，在弹出的快捷菜单中选择"插入文件夹"命令。

✤ 单击"图层"编辑区中的"新建文件夹"按钮 。

（2）组织图层文件夹

当文件夹的数量增多后，可以为文件夹再添加一个上级文件夹。在Flash CS4中，可以像编辑图层一样，对图层文件夹进行重命名、删除、复制、排列等操作。时间轴中的图层控制将影响文件夹中的所有图层，如锁定一个图层文件夹就将锁定该文件夹中的所有图层。

在Flash CS4中，可对图层文件夹进行以下编辑。

✤ 要将图层或图层文件夹移动到图层文件夹中，可将该图层或图层文件夹的名称拖到目标图层文件夹的名称中。

✤ 要更改图层或文件夹的顺序，可将时间轴中的一个或多个图层或文件夹拖到所需位置。

✤ 要展开或折叠文件夹，可单击该文件夹名称左侧的三角形。

✤ 要展开或折叠所有文件夹，可单击鼠标右键，然后在弹出的快捷菜单中选择"展开所有文件夹"或"折叠所有文件夹"命令。

5.分散到图层

使用"分散到图层"命令，可以自动为每个对象创建并命名新图层，并且将这些对象放置到对应的图层中。用户可以对舞台中的图形对象、实例、位图、视频剪辑和分离文本块等执行"分散到图层"命令。对于实例和位图对象，将其分散到图层后，新图层将按对象的名称命名。

在Flash CS4中，调用"分散到图层"命令有以下3种方法。

✤ 执行"修改" > "时间轴" > "分散到图层"命令。

✤ 按"Ctrl+Alt+D"组合键。

✤ 在舞台上选择分散到图层的对象，单击鼠标右键，在弹出的快捷菜单中选择"分散到图层"命令。

6.时间轴中的帧

帧是创建动画的基础，也是构建动画最基本的元素之一。在时间轴中可以很明显地看出帧和图层是一一对应的。在时间轴中为元件设置在一定时间中显示的帧范围，然后使元件的图形内容在不同的帧中产生如大小、位置、形状等变化，再以一定的速度从左到右播放时间轴中的帧，即可形成"动画"的视觉效果。帧在时间轴上的排列顺序决定了一个动画的播放顺序，至于每帧有什么具体内容，则需在相应的帧的工作区域内进行制作。

（1）帧的3种基本类型

在时间轴中，帧主要有两种，即普通帧和关键帧。其中关键帧有两种，一种是包含内容的关键帧，这种关键帧在时间轴中以一个实心的小黑点来表示；另一种是空白关键帧。在时间轴中不同帧的标识也不同，如图4-35所示。

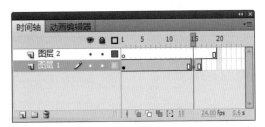

图4-35 时间轴中的3种帧

❖ 普通帧：一般处于关键帧后方，其作用是延长关键帧中动画的播放时间，一个关键帧后的普
   通帧越多，该关键帧的播放时间越长。

❖ 关键帧：在动画播放过程中，呈现关键性动作或关键性内容变化的帧。关键帧定义了动画的
   变化环节。

❖ 空白关键帧：Flash中的另一种关键帧，在时间轴中以空心圆表示，该关键帧中没有任何内
   容，其前面最近一个关键帧中的图像只延续到该空白关键帧前面的一个普通帧。

（2）设置帧频

帧频是动画播放的速度，以每秒播放的帧数（帧/秒）为度量单位。帧频太慢会使动画
看起来一顿一顿的，帧频太快会使动画的细节变得模糊。24帧/秒的帧速是新Flash文档的默
认设置，通常在Web上提供最佳效果。标准的动画速率也是24帧/秒。

在Flash CS4中，使用以下3种方法可以重新设置帧频。

❖ 在时间轴底部的"帧频率"标签上双击，在文本框中直接输入帧频。

❖ 在"文档属性"对话框的"帧频"文本框中直接设置帧频，如图4-36所示。

❖ 在"属性"面板的"FPS"文本框中直接输入帧的频率，如图4-37所示。

图4-36 "文档属性"对话框

图4-37 "属性"面板

动画的复杂程度和播放动画的计算机的速度会影响回放的流畅程度。若要确定最佳帧
速，可在不同的计算机上测试动画。

7.帧的编辑操作

在Flash CS4中，通过编辑帧可以确定每一帧中显示的内容、动画的播放状态和播放时间
等。编辑帧包括选择帧、插入帧、删除帧、清除帧、复制与粘贴帧、移动帧、翻转帧等操作。

（1）选择帧

在Flash CS4中，选择帧的方法主要有以下3种。

❖ 若要选中单个帧，只需单击帧所在位置即可。

❖ 若要选择连续的多个帧，只需按住"Shift"键分别选中连续帧中的第1帧和最后一帧即可，如
   图4-38所示。

❖ 若要选择不连续的多个帧，只需按"Ctrl"键依次单击要选择的帧即可，如图4-39所示。

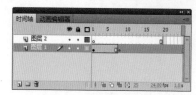 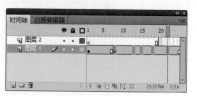

图4-38 选择连续的多个帧　　　　　　　图4-39 选择不连续的多个帧

（2）插入帧

在Flash CS4中，插入帧的方法有以下4种。

❖ 在关键帧后面任意选取一个帧，单击鼠标右键，在弹出的快捷菜单中选择"插入帧"命令或按"F5"键。

❖ 在要插入帧的位置单击鼠标右键，在弹出的快捷菜单中选择"插入关键帧"命令或按"F6"键，可在当前位置插入关键帧。

❖ 在要插入帧的位置单击鼠标右键，在弹出的快捷菜单中选择"插入空白关键帧"命令或按"F7"键，可在当前位置插入空白关键帧，并将空白关键帧后的内容清除，如图4-40、图4-41所示。

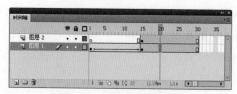 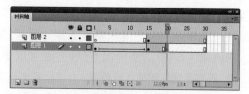

图4-40 单击要插入帧的位置　　　　　　　图4-41 插入空白关键帧

❖ 直接在两个关键帧间用鼠标拖动关键帧也可在关键帧之间插入帧。

（3）删除帧

在使用Flash制作动画的过程中，有时所创建的帧不符合要求，或者不需要某些帧中的内容时就可以将其删除。

在Flash CS4中，选择要删除的帧，在选择的帧上单击鼠标右键，在弹出的快捷菜单中选择"删除帧"命令或按快捷键"Shift+F5"，即可删除选择的帧。

（4）清除帧

清除关键帧可以将选中的关键帧转化为普通帧。其方法是选中要清除的关键帧，然后单击鼠标右键，在弹出的快捷菜单中选择"清除关键帧"命令或按快捷键"Shift+F6"。清除帧相当于转换为普通帧，而删除帧是去掉当前帧，会使动画少一帧。

（5）复制与粘贴帧

在Flash CS4中，复制帧的方法有以下两种。

❖ 选中要复制的帧，然后按"Alt"键将其拖动到要复制的位置。

❖ 在时间轴中用鼠标右键单击要复制的帧，在弹出的快捷菜单中选择"复制帧"命令，然后用鼠标右键单击目标帧，在弹出的快捷菜单中选择"粘贴帧"命令。

（6）移动帧

在Flash CS4中，移动帧的方法有以下两种。

❖ 选中要移动的帧，然后按住鼠标左键将其拖到要移动到的位置即可。

✤ 选择要移动的帧，然后单击鼠标右键，在弹出的快捷菜单中选择"剪切帧"命令，然后在目标位置再次单击鼠标右键，在弹出的快捷菜单中选择"粘贴帧"命令。

（7）翻转帧

使用翻转帧的功能，可以使选择的一组帧反序，即最后一个关键帧变为第1个关键帧，第1个关键帧成为最后一个关键帧。

在Flash CS4中，要翻转帧，应首先选择时间轴中的某一图层上的所有帧（该图层上至少包含两个关键帧，且位于帧序的开始和结束）或多个帧，然后使用以下任意一种方法即可完成翻转帧的操作。

✤ 执行"修改" > "时间轴" > "翻转帧"命令。

✤ 在选择的帧上单击鼠标右键，在弹出的快捷菜单中选择"翻转帧"命令。

4.6　能力拓展

4.6.1　触类旁通——导航栏特效的制作

01 新建文档并设置其文档属性，宽为559像素，高为272像素，背景颜色为白色，如图4-42所示。将"第4章\导航栏特效的制作\素材"中的图片文件导入到库。然后将"图层1"命名为"菜单栏"，绘制图形，如图4-43所示。

图4-42 设置文档属性

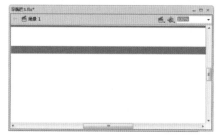

图4-43 绘制图形

02 新建图层"按钮"，输入文字并分别转换为按钮元件"鲁"、"斑"、"秒"、"凉"，如图4-44所示，分别给按钮元件添加脚本，如图4-45所示。

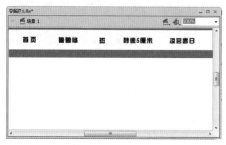

图4-44 输入文字、转换元件

图4-45 添加脚本

03 编辑"鲁"，选择"图层1"第2帧变换文字颜色，如图4-46所示。按钮元件"斑"、"秒"、"凉"动画效果参照"鲁"制作，如图4-47所示。

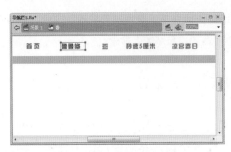

图4-46 编辑"鲁"元件颜色

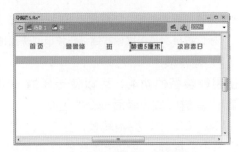

图4-47 编辑其他元件颜色

04 新建图层"图片"，放置在"菜单栏"下，选择第1帧，将库中图片"主题.jpg"拖至舞台并转换为图形元件"主题"，如图4-48所示。选择"主题"，再转换为影片剪辑元件。编辑"变换"，将"图层1"命名为"img1"，选择第100帧插入帧，如图4-49所示。

图4-48 新建图层、拖入元件

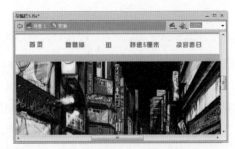

图4-49 转换为影片剪辑元件

05 在"img1"图层的第20帧处插入关键帧，然后将元件右移并设置Alpha值为0，在第1~20帧间创建传统补间动画，如图4-50所示，在第21帧处插入空白关键帧。新建图层"img2"，选择第1帧，将库中图片"鲁.jpg"拖至舞台并转换为图形元件"鲁鲁修"，如图4-51所示。

图4-50 设置Alpha值

图4-51 转换为图形元件

06 在"img2"图层的第20帧、第40帧处插入关键帧，选择第20帧中的元件向左移动，如图4-52所示，选择第40帧中的元件向右移动并设置其Alpha值为0，如图4-53所示，在第1~20帧、第20~40帧间创建传统补间动画，在第41帧处插入空白关键帧。

07 新建图层"img3"，在第21帧处插入关键帧，将库中图片"斑.jpg"拖至舞台并转换为图形元件"斑猫"，如图4-54所示，在第40帧、第60帧处插入关键帧，然后将第40帧中的元件向左移动，如图4-55所示。

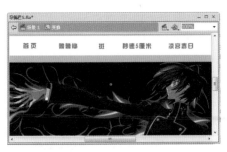

图4-52 向左移动元件

图4-53 设置Alpha值

图4-54 转换为图形元件

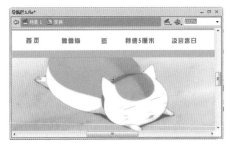

图4-55 向左移动元件

08 选择第60帧中的元件，向右移动并设置其Alpha值为0，如图4-56所示，在第21～40帧、第40～60帧间创建传统补间动画，在第61帧处插入空白关键帧。

09 新建图层"img4"，在第41帧处插入关键帧，将库中图片"秒.jpg"拖至舞台并转换为图形元件"秒速"，如图4-57所示。

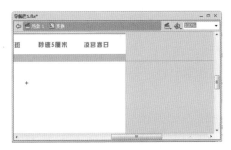

图4-56 设置Alpha值

图4-57 转换为图形元件

10 在图层"img4"的第60帧、第80帧处插入关键帧，选择第60帧，将元件向左移动，如图4-58所示。选择第80帧，向右移动并设置Alpha值为0，如图4-59所示。在第41～60帧、第60～80帧间创建传统补间动画，选择第81帧插入空白关键帧。

图4-58 向左移动元件

图4-59 设置Alpha值

⑪ 新建图层"img5"，在第81帧处插入关键帧，将库中"凉宫春日.jpg"拖至舞台并转换为图形元件"凉宫春日"，如图4-60所示。在第100帧处插入关键帧，将元件向左移动，在第81～100帧间创建传统补间动画，如图4-61所示。

图4-60 转换为图形元件　　　　　　　　　图4-61 创建传统补间动画

⑫ 返回"变换"影片剪辑，新建图层"效果"，在第1帧、第20帧、第40帧、第60帧处插入关键帧。选择第1帧，将库中元件"主题"拖至舞台，并转换为影片剪辑元件"拉伸遮罩"，如图4-62所示。编辑"拉伸遮罩"，将元件"主题"变形，如图4-63所示。

图4-62 影片剪辑元件　　　　　　　　　　图4-63 元件变形

⑬ 在图层1第55帧处插入关键帧，将元件向左移动，在第1～55帧间创建传统补间动画，如图4-64所示。新建"图层2"，绘制图形，选择第55帧，将图形拉窄，在第1～55帧间创建形状补间动画，如图4-65所示。

图4-64 创建传统补间动画　　　　　　　　图4-65 绘制图形、创建形状补间动画

⑭ 将"图层2"设置为"遮罩层"，如图4-66所示。新建图层"AS"，在第55帧处插入关键帧，然后打开其动作脚本添加相应的代码，如图4-67所示。

⑮ 返回"变换"影片剪辑元件，选择"效果"层第20帧，绘制透明渐变色的矩形，并转换为影片剪辑元件"光线"，再转换为影片剪辑元件"光动"，如图4-68所示。最后为"光线"添加实例名称"p"，并添加脚本，如图4-69所示。

图4-66 设置遮罩层

图4-67 添加脚本

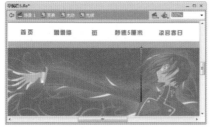

图4-68 绘制图形、转换为影片剪辑元件

图4-69 添加脚本

16 新建影片剪辑元件"出现",选择"图层1"第30帧,插入关键帧,绘制如图4-70所示的图形。编辑"出现",在"图层1"的第58帧处插入关键帧,选择第30帧中的图形并将其缩小,在第30～58帧间创建形状补间动画,如图4-71所示。

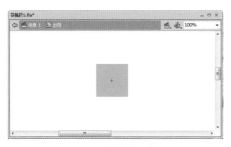

图4-70 绘制图形

图4-71 缩小图形并创建形状补间动画

17 新建图层"AS",在第58帧处插入关键帧,然后在其对应的动作面板中添加脚本,如图4-72所示。新建影片剪辑元件"方块排列",将元件"出现"拖至舞台,然后复制多次并粘贴后进行排列,如图4-73所示。

图4-72 添加脚本

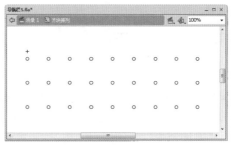

图4-73 复制、粘贴、排列元件

18 新建影片剪辑元件"消失",在"图层1"的第1帧处绘制图形,如图4-74所示。在第35

帧、第64帧处插入关键帧，在第65帧处插入空白关键帧。选择第64帧中的图形并将其缩小，在第35～64帧间创建形状补间动画，如图4-75所示。

图4-74 绘制图形

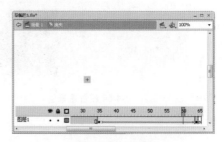

图4-75 缩小图形

⑲ 新建图层"AS"，在第65帧处插入关键帧，然后添加动作脚本，如图4-76所示。新建影片剪辑元件"方块排列2"，将元件"消失"拖至舞台，复制多次并进行排列，如图4-77所示。

图4-76 添加脚本

图4-77 新建影片剪辑元件

⑳ 返回"变换"影片剪辑元件，选择"效果"层的第40帧，将库中图片"斑2.jpg"拖至舞台并转换为影片剪辑元件"方块出现"，如图4-78所示。编辑"方块出现"，新建图层"遮罩"，选择第1帧，将元件"方块排列"拖至编辑区，如图4-79所示，设置"遮罩"层为"遮罩层"。

图4-78 编辑"变换"元件

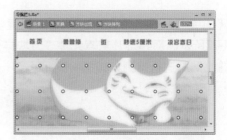

图4-79 设置遮罩层

㉑ 返回"变换"影片剪辑元件，选择"效果"层第60帧，将库中图片"秒2.jpg"拖至舞台，并转换为图形元件"秒速2"，再转换为影片剪辑元件"方块消失"，如图4-80所示。编辑"方块消失"，新建"图层2"，将元件"秒速"拖至编辑区，如图4-81所示。

㉒ 新建图层"遮罩"，将元件"方块排列2"拖至舞台，如图4-82所示。将"遮罩"层设置为"遮罩层"，如图4-83所示。

图4-80 编辑"变换"元件

图4-81 新建图层、拖入元件

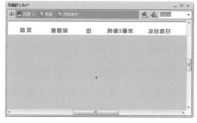

图4-82 编辑"方块消失"元件

图4-83 设置遮罩层

23 返回"变换"影片剪辑元件，新建图层"标记"，在第2帧、第21帧、第41帧、第61帧、第81帧处插入关键帧，并分别添加标签名称，如图4-84所示。新建图层"AS"，在第20帧、第40帧、第60帧、第80帧、第100帧处插入关键帧，分别添加脚本，如图4-85所示。

图4-84 添加标签名称

图4-85 添加脚本

24 返回主场景，在"图片"层上新建"遮罩"图层，选择第1帧，绘制如图4-86所示的图形，将"遮罩"层设置为"遮罩层"。最后，按"Ctrl+Enter"测试影片，如图4-87所示。

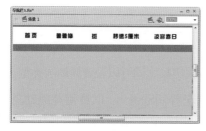

图4-86 绘制图形

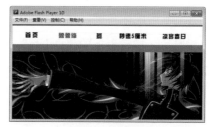

图4-87 测试影片

4.6.2 商业应用

随着Flash动画技术的普及与推广，目前在各个领域中均能见到Flash的踪影，本章的两个实例分别是个人电子相册与导航栏特效，这两方面的应用在现实生活中很常见。图4-88所示为Flash网页中的产品展示效果。图4-89所示为九阳电器官网中的导航栏特效。

图4-88 产品展示效果 　　　　　　　　　　图4-89 导航栏特效

4.7　本章小结

通过本章的学习，读者了解了图层与时间轴的概念，掌握了图层的基本操作、图层文件夹的创建与管理、帧的编辑操作等。本章通过电子相册和按钮特效的制作，向读者介绍了图层与时间轴的应用，希望读者做到学有所用，制作出更为丰富的特殊动画。

4.8　认证必备知识

单项选择题

（1）形成动画的最基本的时间单位是_____。

A.帧　　　　　　　　B.图层　　　　　　　　C.场景　　　　　　　　D.时间轴

（2）Flash中图层可分为_____。

A.遮罩图层　　　　　　　　　　　　B.普通图层、引导图层

C.普通图层、引导图层、遮罩图层　　　　D.普通图层

多项选择题

（1）下面是删除图层的操作，正确的操作有_____。

A.单击图层名称，然后单击时间轴左下角的 按钮

B.按住鼠标左键将图层拖到垃圾桶中

C.在图层上单击鼠标右键，然后从弹出的快捷菜单中单击"删除图层"命令

D.选中图层后，按键盘上的"Delete"键

（2）两个关键帧中的图像都是形状，则这两个关键帧之间可以设置的动画类型有_____。

A.形状补间动画　　B.位置补间动画　　　C.颜色补间动画　　　D.透明补间动画

判断题

（1）制作动画过程中，在某一时刻需要定义对象的某种新状态，这个时刻所对应的帧叫关键帧。_____

（2）在Flash中，图层中的对象在最后输出的影片中看不到，该图层的类型是遮罩层。_____

第5章 元件、库与实例的应用

5.1 任务题目

通过两个具体动画实例的制作，掌握元件、库与实例的应用，包括元件的类型、元件的创建与管理、实例的编辑、"库"面板的应用等。

5.2 任务导入

元件是存放在库中可以重复使用的图形、按钮或动画。使用元件可以使编辑动画变得更简单，创建交互动画变得更容易。将元件从库中取出并且拖放到舞台上，就生成了一个实例。对舞台上的实例进行编辑并不会影响到"库"面板中的元件。本章将介绍元件、库和实例的相关知识。

5.3 任务分析

1. 目的

了解元件概念、类型，掌握元件、实例的创建与管理，掌握元件的3种编辑方式，掌握"库"面板的常用操作等。

2. 重点

（1）元件的创建与管理。

（2）创建与编辑实例。

（3）"库"面板的应用。

3. 难点

（1）元件的编辑。

（2）实例的编辑。

5.4 技能目标

（1）掌握元件、库与实例的应用。

（2）能够学以致用，独立制作Flash动画。

5.5 任务讲析

5.5.1 实例演练——制作电子万年历

01 新建一个文档，并打开其"文档属性"对话框设置属性，如图5-1所示。

02 将"第5章\电子万年历\素材\bg.jpg、clock.png"素材文件导入库中。然后将素材bg.jpg拖至舞台合适位置并调整其大小，如图5-2所示。

图5-1 设置文档属性

图5-2 拖入背景图片

03 新建名为"阴影"的影片剪辑并绘制一个正方形，如图5-3所示。然后在"属性"选项卡中设置其位置和大小，如图5-4所示。

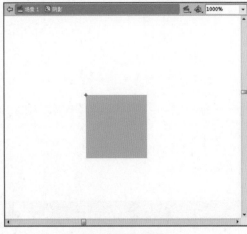

图5-3 绘制正方形

图5-4 设置位置和大小

04 新建影片剪辑"星期"并绘制一个长方形，如图5-5所示。新建图层，在所绘长方形中添加一周的说明文字，如图5-6所示。

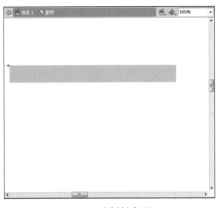

图5-5 绘制长方形

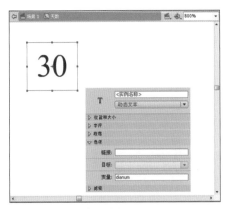 这个图有误，应删除

图5-6 添加说明文字

05 新建影片剪辑"天数"，添加文字内容为30的动态文本，如图5-7所示。然后新建名为"当前时间"的影片剪辑，添加多个动态文本，如图5-8所示。

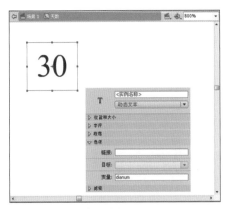

图5-7 添加动态文本

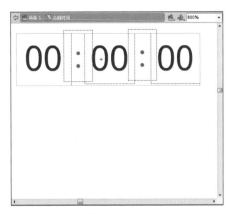

图5-8 添加多个动态文本

06 新建影片剪辑"时针"，绘制尖三角形指针，如图5-9所示。然后新建影片剪辑"秒针"，绘制秒针指针，如图5-10所示。

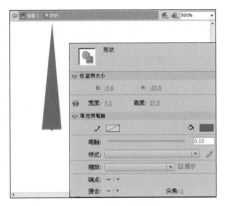

图5-9 绘制时针指针

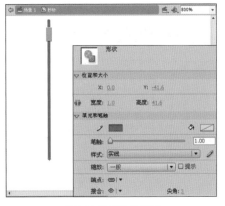

图5-10 绘制秒针指针

07 新建影片剪辑"时钟"，从"库"中拖入clock.png素材，如图5-11所示。然后新建2个

图层分别放置时针和秒针影片剪辑并设置相应实例名称，如图5-12所示。

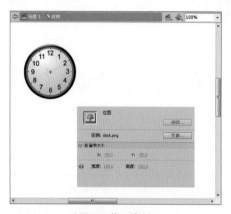

图5-11 拖入素材

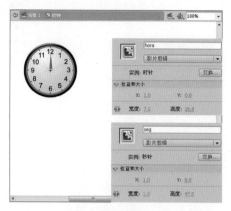

图5-12 设置实例名称

08 新建"调节按钮"元件，绘制一个由矩形和三角形组成的灰色按钮，如图5-13所示。然后将第2～4帧的颜色改为蓝色，如图5-14所示。

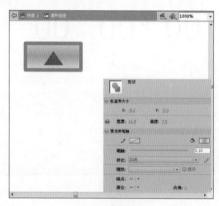

图5-13 绘制按钮

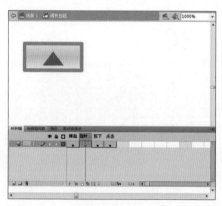

图5-14 修改颜色

09 新建"万年历"影片剪辑，绘制万年历边框，如图5-15所示。然后新建图层，拖入"星期"影片剪辑并添加说明文字，如图5-16所示。

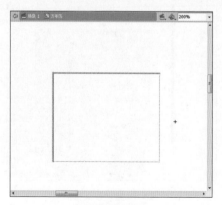

图5-15 绘制边框

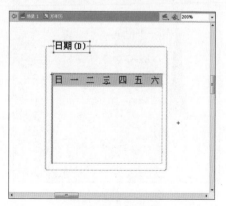

图5-16 添加说明文字

⑩ 新建图层，拖入多个"阴影"影片剪辑并添加实例名称hoy1-37，如图5-17所示。再次新建图层，拖入多个"天数"影片剪辑并添加实例名称dia1-37，如图5-18所示。

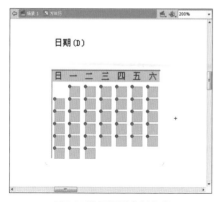

图5-17 设置阴影实例名称

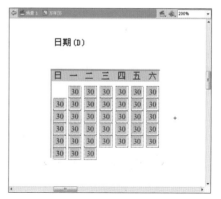

图5-18 设置天数实例名称

⑪ 新建图层，拖入"调节按钮"，添加静态文本"月"和实例名为mestxt的动态文本，如图5-19所示。然后新建图层，使用与上面类似的方法建立年份的调节区域，如图5-20所示。

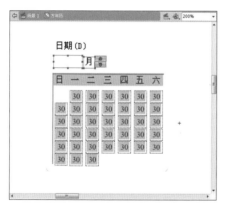

图5-19 添加文本并设置实例名称

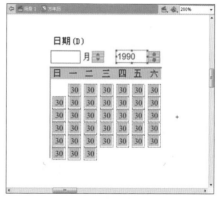

图5-20 建立年份

⑫ 新建动作图层，打开其动作脚本，从中添加相应代码，如图5-21所示。具体代码见源文件。

⑬ 返回主场景，新建图层，拖入"万年历"影片剪辑，如图5-22所示。

图5-21 添加脚本

图5-22 拖入影片剪辑

⑭ 新建图层，拖入"时钟"影片剪辑，如图5-23所示。然后在"属性"窗口中为其设置实例名称、位置和大小等参数，如图5-24所示。

图5-23 拖入"时钟"影片剪辑   图5-24 设置属性

⑮ 新建图层，拖入"当前时间"影片剪辑并添加说明文字，如图5-25所示。然后在"属性"窗口中设置其实例名称、位置及大小等参数，如图5-26所示。

图5-25 添加说明文字   图5-26 设置属性

⑯ 新建动作图层，添加相应代码（具体代码见源文件），如图5-27所示，然后按"Ctrl+Enter"组合键测试动画，如图5-28所示。

图5-27 添加脚本   图5-28 测试动画

5.5.2 基础知识解析

1.元件的定义和类型

元件是一种媒体资源，可以在Flash文档中的任意位置重复使用，而无须重新创建。元件是Flash中非常重要的概念，是使Flash的功能更加强大，Flash动画体积小的重要原因。

（1）元件的定义

元件是可以反复取出使用的图形、按钮或者一段小动画，元件中的小动画可以独立于主动画进行播放，每个元件可由多个独立的元素组合而成。换句话说，元件相当于一个可重复使用的模板，使用一个元件就相当于实例化一个元件实体。使用元件的好处是，可重复利用、缩小文件的存储空间。

元件可以应用于当前影片或者其他影片，在制作Flash影片的过程中，常常可以反复应用同一个对象，此时可以通过多次复制该对象来达到创作目的。但是通过一样的操作后，每个复制的对象具有独立的文件信息，相应地整个影片的容量也会加大。如果将对象制作成元件以后加以应用，Flash就会反复调用同一个对象，不会影响影片的容量。

（2）元件的类型

在Flash中，元件是构成动画的基本元素。Flash元件包括3种类型，分别是影片剪辑、图形和按钮。

①影片剪辑元件

它是构成Flash动画的一个片段，能独立于主动画进行播放。影片剪辑可以是主动画的一个组成部分，当播放主动画时，影片剪辑元件也会随之循环播放。

②图形元件

图形元件是可反复使用的图形，它可以是影片剪辑元件或场景的一个组成部分。图形元件是包含一帧的静止图片，是制作动画的基本元素之一，但它不能添加交互行为和声音控制。

③按钮元件

按钮元件用于创建动画的交互控制按钮，以响应鼠标事件（如单击、释放等）。按钮有弹起、指针经过、按下、单击四个不同的状态帧，可以分别在按钮的不同状态帧上创建不同的内容，既可以是静止图形，也可以是影片剪辑，还可以给按钮添加事件的交互动作，使按钮具有交互功能。

3种类型的元件在"库"面板中的显示有所不同。图形元件在"库"面板中以一个几何图形构成的图标表示；按钮元件以一个手指向下按的图标表示；影片剪辑元件以一个齿轮图标表示，如图5-29所示。

图5-29 3种元件类型

2.元件的创建与管理

在Flash CS4中，用户可以通过在舞台上选择对象来创建元件，或者可以创建一个空白的元件，然后在元件编辑模式下制作或导入内容，也可以在Flash中创建字体元件。下面对各种类型元件的创建和管理进行介绍。

（1）创建元件

在Flash中，创建元件有以下5种方法。

✤ 执行"插入"＞"新建元件"命令。

✤ 按"Ctrl＋F8"组合键。

✤ 单击"库"面板底部的"新建元件"按钮。

✤ 在"库"面板中的空白处单击鼠标右键，在弹出的快捷菜单中选择"新建元件"命令。

✤ 单击"库"面板右上角的面板菜单按钮，在弹出的下拉菜单中选择"新建元件"命令。

使用以上任意一种方法，都将打开"创建新元件"对话框，如图5-30所示。

图5-30 "创建新元件"对话框

在该对话框中，各主要选项的含义如下。

✤ 名称：在该文本框中可以设置元件的名称。

✤ 类型：可以设置元件的类型，包含"图形"、"按钮"和"影片剪辑"3个选项。

✤ 文件夹：在"库根目录"上单击，打开"移至…"对话框，如图5-31所示。用户可以将元件放置在新创建的文件夹，也可以将元件放置在现在的文件夹或库根目录中。

✤ 单击"高级"按钮，可以展开该面板，从中对元件进行高级设置，如图5-32所示。

图5-31 库根目录

图5-32 高级设置

①图形元件

图形元件适用于静态图像的重复使用，或创建与主时间轴关联的动画。与影片剪辑或按钮元件不同，用户不能为图形元件提供实例名称，也不能在ActionScript中引用图形元件。若要创建图形元件，则需在"类型"下拉列表中选择"图形"选项，然后单击"确定"按钮，以进入元件的编辑模式。

②影片剪辑元件

影片剪辑元件在许多方面都类似于文档内的文档。此元件类型自己有不依赖主时间轴的时间轴。用户可以在其他影片剪辑和按钮内添加影片剪辑以创建嵌套的影片剪辑，还可以使用属性检查器为影片剪辑的实例分配实例名称，然后在动作脚本中引用该实例名称。若要创建影片剪辑元件，则在"类型"下拉列表中选择"影片剪辑"选项，单击"确定"按钮后进入影片剪辑元件的编辑模式。

创建好的元件会在"库"面板显示，如图5-33、图5-34所示。

图5-33 图形元件　　　　　图5-34 影片剪辑元件

（2）按钮元件

按钮元件是一种特殊的元件，具有一定的交互性，是一个包含4帧的影片剪辑。按钮在时间轴上的每帧都有一个固定的名称。在"创建新元件"的"类型"下拉列表中选择"按钮"选项并单击"确定"按钮，进入按钮元件的编辑模式，此时的时间轴如图5-35所示。

图5-35 按钮元件的4个关键帧

按钮元件所对应时间轴上各帧的含义分别如下。

❖ 弹起：表示鼠标指针没有滑过按钮或者单击按钮后又立刻释放时的状态。

❖ 指针经过：表示鼠标指针经过按钮时的外观。

❖ 按下：表示鼠标单击按钮时的外观。

❖ 单击：表示用来定义可以响应鼠标事件的最大区域。如果这一帧没有图形，鼠标的响应区域则由指针经过和弹出两帧的图形来定义。

创建按钮元件与创建图形元件的步骤基本一致，只需定义时间轴上的4个关键帧即可。

（3）转换元件

在Flash CS4中，可以直接将已有的图形转换为元件，有以下4种方法。

❖ 选择要转换为元件的对象，执行"修改">"转换为元件"命令。

❖ 在选择的对象上单击鼠标右键，在弹出的快捷菜单中选择"转换为元件"命令。

✤ 选择对象，按"F8"快捷键。

✤ 直接将选择的对象拖曳至"库"面板中。

（4）删除元件

对于多余的元件，可以在"库"面板中将其删除。删除元件有以下两种方法。

✤ 在"库"面板中选择要删除的元件，单击"删除"按钮 🗑，或将其拖至面板底部的"删除"
按钮 🗑。

✤ 在"库"面板中选择要删除的元件，单击鼠标右键，在弹出的快捷菜单中选择"删除"
命令。

（5）利用文件夹管理元件

利用"库"面板中的文件夹可以管理元件，也可以解决库冲突。新建一个新的"库"
文件夹时，只需在"库"面板中单击"新建文件夹"按钮 🗀，在其后显示的文本框中输入
文件夹的名称即可，如图5-36所示。将元件放入文件夹中时，只要选取该元件，按住鼠标
左键拖动该元件至文件夹中即可，如图5-37、图5-38所示。

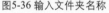
图5-36 输入文件夹名称

图5-37 选中并拖动元件

图5-38 元件在文件夹中

3.编辑元件

编辑元件时，Flash会更新文档中该元件的所有实例。在Flash CS4中，编辑元件的方式
包括在当前位置、在新窗口中、在元件的编辑模式下3种。下面将分别介绍这3种方式的特
点及其具体操作。

（1）在当前位置编辑元件

在Flash CS4中，使用以下3种方法可以在当前位置编辑元件。

✤ 在舞台上双击要进入编辑状态的元件的一个实例。

✤ 在舞台上选择元件的一个实例，单击鼠标右键，在弹出的快捷菜单中选择"在当前位置编
辑"命令。

✤ 在舞台上选择要进入编辑状态的元件的一个实例，然后执行"编辑" > "在当前位置编辑"命令。

执行"在当前位置编辑"命令，在舞台上与其他对象一起进行编辑，其他对象以灰度
显示，从而将它们和正在编辑的元件区别开。正在编辑的元件的名称显示在舞台顶部的编
辑栏内，位于当前场景名称的右侧，如图5-39、图5-40所示。

图5-39 要编辑的元件

图5-40 在当前位置编辑元件

进入元件编辑区后，要更改注册点，在舞台上拖动该元件即可。一个十字光标会表明注册点的位置。

（2）在新窗口编辑元件

如果认为在当前位置编辑元件不方便，那么也可以在新窗口中进行编辑。在舞台上选择要进行编辑的元件并右击，在弹出的快捷菜单中选择"在新窗口中编辑"命令，如图5-41所示。此时，用户可以同时看到该元件和主时间轴。正在编辑的元件名称会显示在舞台顶部的编辑栏内，位于当前场景名称的右侧，如图5-42所示。

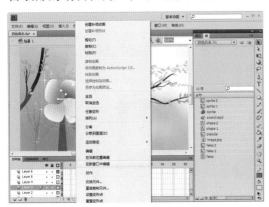
图5-41 选择命令

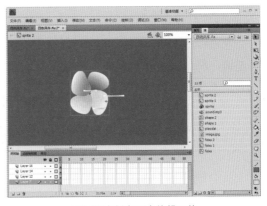
图5-42 在新窗口中编辑元件

当用户编辑元件时，Flash将更新文档中该元件的所有实例，以反映编辑的结果。编辑元件时，可以使用任意绘画工具、导入媒体或创建其他元件的实例。

小知识：退出

在Flash CS4中，要退出"在新窗口中编辑元件"模式并返回到文档编辑模式，直接单击右上角的关闭框来关闭新窗口，然后在主文档窗口内单击以返回到编辑主文档。

（3）在元件的编辑模式下编辑元件

在Flash CS4中，要在元件的编辑模式下编辑元件，可使用以下4种方法。

✤ 选择在进入编辑模式的元件所对应的实例并右击，在弹出的快捷菜单中选择"编辑"命令。

✤ 选择在进入编辑模式的元件所对应的实例，执行"编辑">"编辑元件"命令。

✤ 按"Ctrl＋E"组合键。

✤ 在"库"面板中双击要编辑元件名称左侧的图标。

使用以上任意一种方法，即可在元件的编辑模式下编辑元件，如图5-43所示。

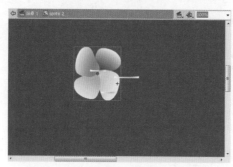

图5-43 在元件的编辑模式下编辑元件

4.创建与编辑实例

将"库"面板中的元件拖至场景或其他元件中时，实例便创建成功。也就是说，在场景中或元件中的元件被称为实例。一个元件可以创建多个实例，并且对某个实例进行修改不会影响元件，也不会影响到其他实例。此外，用户还可以复制实例、设置实例的颜色样式、改变实例的类型、分离实例、交换实例等。

（1）创建实例

在Flash CS4中，创建实例的方法很简单，用户只需在"库"面板中选择元件，按住鼠标左键，将其直接拖至场景，释放鼠标即可，如图5-44所示。

图5-44 创建实例

小知识：帧数的设置

在创建实例时，需要注意场景中帧数的设置，多帧的影片剪辑元件和多帧的图形元件创建实例时，在舞台中为影片剪辑设置一个关键帧即可，图形元件则需要设置与该元件完全相同的帧数，动画才能完整地播放。

（2）复制实例

对于已经创建好的实例，如果用户想直接在舞台上复制实例，可用鼠标选择要复制的实例，然后按住"Ctrl"键或"Alt"键，同时拖动实例，此时鼠标指针的右下角会显示一个"＋"标识，将目标实例对象拖曳到目标位置时，释放鼠标即可复制所选择的目标实例对象。

（3）**设置实例的颜色样式**

每个元件实例都可以有自己的色彩效果。使用"属性"面板，可以设置实例的颜色和透明度选项。"属性"面板中的设置也会影响放置在元件内的位图。当在特定帧中改变一个实例的颜色和透明度时，Flash会在显示该帧时立即进行这些更改。要进行渐变颜色更改，可应用补间动画。当补间颜色时，可在实例的开始关键帧和结束关键帧中输入不同的效果设置，然后补间这些设置，让实例的颜色随时间逐渐变化。

在舞台上选择实例，在"属性"面板的"色彩效果"栏中的"样式"下拉列表中选择相应的选项，如图5-45所示，即可设置实例的颜色样式。

图5-45 色彩效果

在"样式"下拉列表中包含了5个选项，各选项的含义分别如下。

✦ 无：选择该选项，不设置颜色效果。

✦ 亮度：用于调整实例的明暗对比度，度量范围是从黑（-100%）到白（100%）。可直接输入数值，也可以拖动右侧的滑块来设置数值。例如，为"蘑菇"实例设置"亮度"值为0%和80%，其效果如图5-46、图5-47所示。

图5-46 原图 "亮度"值为0%　　　　　　图5-47 "亮度"值为80%

✦ 色调：用相同的色相为实例着色。要设置色调百分比从透明（0%）到完全饱和（100%），可使用"属性"面板中的色调滑块。若要调整色调，可单击此三角形并拖动滑块，或在框中输入一个值。如果要选择颜色，可在各自的框中输入红、绿和蓝的值；或者单击"颜色"控件，然后从颜色调板中选择一种颜色。例如，为文本实例设置"色调"的"着色"为"绿色"，其效果对比如图5-48、图5-49所示。

图5-48 原图　　　　　　　　　　图5-49 "色调"为绿色

❖ 高级：用于调节实例的红色、绿色、蓝色和透明度值。在位图对象上创建和制作具有微妙色彩效果的动画时，该选项非常有用。左侧的控件使用户可以按指定的百分比降低颜色或透明度的值。右侧的控件使用户可以按常数值改变颜色或透明度的值。例如，为荷花实例设置"高级"颜色样式，并设置相应的高级参数，其效果对比如图5-50、图5-51所示。

图5-50 原图　　　　　　　　　　图5-51 高级效果

❖ Alpha：用于调节实例的透明度，调节范围是从透明（0%）到完全饱和（100%）。如果要调整Alpha值，可单击此三角形并拖动滑块，或者在框中输入一个值。例如，将熊猫Alpha值设置为70%，其效果对比如图5-52、图5-53所示。

图5-52 原图　　　　　　　　　图5-53 Alpha值为70%的效果

（4）改变实例的类型

在Flash中，实例的类型是可以相互转换的。通过改变实例的类型来重新定义它在动画中的行为。在"属性"面板中的"实例行为"下拉列表中提供了3种选项，分别是"影片剪辑"、"按钮"和"图形"，如图5-54所示。当改变实例的类型后，"属性"面板中的参数也将进行相应的变化。

图5-54 "实例行为"下拉列表

（5）分离实例

要断开实例与元件之间的链接，并把实例放入未组合形状和线条的集合中，可以分离该实例。这对于充分改变实例而不影响其他实例非常有用。若在分离实例之后修改该元件，则不会用所作的更改来更新该实例。

（6）交换实例

在Flash中，要在舞台上显示不同的实例，并保留所有的原始实例属性（如色彩效果或按钮动作），可为实例分配不同的元件。通过"属性"面板，可以为实例分配不同的元件。

如果制作的是几个具有细微差别的元件，通过单击"交换元件"对话框中的"直接复制元件"按钮 ，可以使用户在库中现有元件的基础上创建一个新元件，并将复制工作减到最少，如图5-55、图5-56所示。

图5-55 "交换元件"对话框

图5-56 直接复制元件

此外，从一个"库"面板中将与待替换元件同名的元件拖到正在编辑的Flash文件的"库"面板中，然后单击"替换"按钮，可以替换元件的所有实例。如果库中包含文件夹，那么必须将新元件拖动到与所替换的元件相同的文件夹中。

5."库"面板的常用操作

（1）认识"库"面板

在Flash文档中，"库"中存储的是在Flash创作环境中创建或导入的媒体资源。在Flash中可以直接创建矢量插图或文本，导入矢量插图、位图、视频和声音以及创建元件。

"库"还包含已添加到文档的所有组件。组件在库中显示为编译剪辑。在Flash中工作时，可以打开任意Flash文档的库，将该文件的库项目用于当前文档。用户可以在Flash应用程序中创建永久的库，只要启动Flash就可以使用这些库。Flash还提供几个含按钮、图形、影片剪辑和声音的范例库。

此外，还可以将库资源作为SWF文件导入URL，从而创建运行时的共享库。这样即可从Flash文档链接到这些库资源，而这些文档也可以在运行时共享导入元件。

在Flash CS4中，执行"窗口" > "库"命令，或按"Ctrl＋L"组合键，即可打开"库"面板，如图5-57所示。

图5-57 "库"面板

"库"面板中各按钮的作用如下。

+ ▲、▼按钮：用于改变各元件的排列顺序。

+ 按钮：单击该按钮，可以新建"库"面板。

+ 按钮：用于新建元件，单击该按钮后弹出"创建新元件"对话框。

+ 按钮：用于新建文件夹。

+ 按钮：用于打开相应的元件属性对话框。

+ 按钮：用于删除元件或文件夹。

（2）在"库"面板中创建元件

若要在"库"面板中创建元件，可以单击按钮，打开"创建新元件"对话框，在对话框中可以命名元件的名称、选择元件的类型，还可以设置高级选项。

（3）重命名库元素

更改导入文件的库项目名称并不会更改该文件名。在Flash CS4中，对"库"面板中的项目重命名有以下3种方法。

+ 双击项目名称。

+ 选择项目，从"库"面板的面板菜单中选择"重命名"命令。

+ 选择项目并单击鼠标右键，在弹出的快捷菜单中选择"重命名"命令。

执行以上任意一种方法，然后在文本框中输入新名称，按"Enter"键或在"库"面板的其他空白区单击，即可完成项目的重命名操作。

（4）创建库文件夹

在前面元件的创建中讲到，利用"库"面板中的文件夹管理元件，可以解决库冲突。如果要新建一个"库"文件夹，只需在"库"面板中单击"新建文件夹"按钮，在其后显示的文本框中输入文件夹的名称即可。

（5）调用库元素

公用库是Flash自带的一个素材库。使用Flash附带的公用库可以向文档添加按钮或声音。还可以创建自定义公用库，然后与创建的任何文档一起使用。不能在公用库中编辑元件，只有调用到当前动画后才能进行编辑。公用库共分为3种类型，分别是声音、按钮和类库。

①声音库

执行"窗口">"公用库">"声音"命令，打开声音库，如图5-58所示。在该库中包含了多种类型的声音，用户可以根据自己的具体需要在声音库中选择合适的声音。

②按钮库

执行"窗口">"公用库">"按钮"命令，打开按钮库，如图5-59所示。在该库中提供了内容丰富且形式各异的按钮标本。用户可以根据自己的具体需要在按钮库中选择合适的按钮。

③类库

执行"窗口">"公用库">"类库"命令，打开类库，如图5-60所示。在该库中共有3个元件，分别是数据绑定组件、应用组件和网络服务组件。

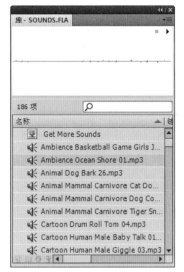

图5-58 声音库　　　　　　　　　图5-59 按钮库　　　　　　　　图5-60 类库

5.6　能力拓展

5.6.1　触类旁通——放大镜效果的制作

01 新建一个Flash文档，设置其舞台大小为500像素×375像素，背景颜色为紫色。按组合键"Ctrl+Shift+S"，以"静物放大镜效果"为名称保存文件，如图5-61所示。

02 将素材"第5章\放大镜效果\素材\大背景.jpg、小背景.jpg"导入库中。新建图形元件"小背景"，将库面板中的图片小背景拖至"小背景"元件的编辑区域，如图5-62所示。

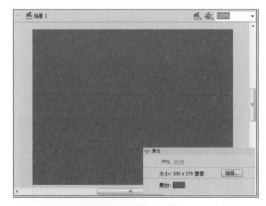

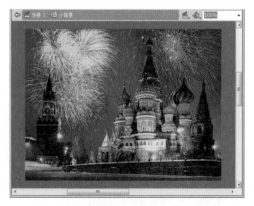

图5-61 设置文档属性　　　　　　　　　　　　　图5-62 拖入"小背景"

03 新建影片剪辑元件"大背景"，将库面板中的图片大背景拖动到"大背景"元件的编辑区域，如图5-63所示。

04 返回到主场景，新建"图层2"，依次将图形元件"小背景"和影片剪辑元件"大背景"拖至舞台中间，并使之与舞台居中对齐，如图5-64所示。

图5-63 拖入"大背景"

图5-64 对齐元件

05 设置影片剪辑元件"大背景"的实例名称为"bg_large",如图5-65所示。

06 新建影片剪辑元件"放大镜",绘制镜片形状的图形,如图5-66所示。

图5-65 设置实例名称

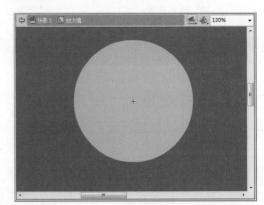

图5-66 绘制镜片形状

07 将绘制好的镜片形状的图形转换为影片剪辑元件"镜片",并将元件"镜片"的实例名称设置为"mask_mc",如图5-67所示。

08 新建"图层2",绘制镜框形状的图形。返回主场景,新建"图层3",将镜片剪辑"放大镜"拖至舞台,如图5-68所示。

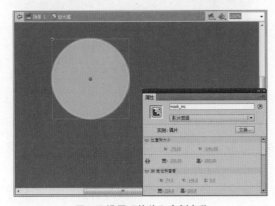

图5-67 设置"镜片"实例名称

图5-68 绘制镜框图形

09 在"图层3"的第1帧处添加相应的控制脚本，如图5-69所示。选择影片剪辑元件"放大镜"，将其实例名称设置为"zoom_mc"。

10 按组合键"Ctrl+Enter"对该动画进行测试，至此完成静物放大镜效果的制作，如图5-70所示。

图5-69 添加脚本   图5-70 测试动画

5.6.2 商业应用

Flash动画的神奇之处就在于能够产生各种各样的特效，在实际应用中这一点尤为引人注目。图5-71为自动弹出广告的按钮特效。图5-72所示为模仿彩票刮刮卡制作的小游戏。

图5-71 按钮特效   图5-72 随机抽奖

5.7 本章小结

通过本章的学习，读者了解了元件与实例的概念，掌握了元件、实例的创建与编辑操作以及元件的3种编辑方式、"库"面板的常用操作等。本章通过短片与放大镜效果动画的制作，向读者介绍了元件、库以及实例的应用，希望读者学有所获。

5.8　认证必备知识

单项选择题

（1）按钮元件的时间轴上的每一帧都有一个特定的功能，其中第1帧是_____。

　　A. "弹起"状态　　　　　　　　B. "指针经过"状态

　　C. "按下"状态　　　　　　　　D. "单击"状态

（2）在_____中可以查看实例注册点的位置。

　　A. "属性"面板　　　　　　　　B. "信息"面板

　　C. 影片浏览器　　　　　　　　D. "动作"面板

多项选择题

（1）在Flash中，元件的类型有_____。

　　A.图形元件　　　　　　　　　　B.按钮元件

　　C.影片剪辑元件　　　　　　　　D.字体元件

（2）_____可以使Flash进入直接编辑元件的模式。

　　A.双击舞台上的实例

　　B.双击"库"面板中的元件图标

　　C.选中舞台上的实例，单击鼠标右键，从弹出的快捷菜单中选择"在当前位置编辑"命令

　　D.将舞台上的元件拖动到"库"面板之上

判断题

（1）Flash动画文件所带的"本地库"中的元件都是非矢量图形。_____

（2）在创作或运行时，用户无法将元件作为共享库资源在文档之间共享。_____

第6章 时间轴基础动画的设计

6.1 任务题目

通过两个动画实例的制作，掌握逐帧动画、遮罩动画、补间动画等的创建方法，能够掌握这些动画的特点，熟练应用各种类型的动画，制作出更加赏心悦目的动画作品。

6.2 任务导入

制作动画是Flash最主要的功能。Flash时间轴基础动画的制作包括逐帧动画、形状补间动画、补间动画和传统补间动画。前面已经介绍了时间轴、帧和图层等基础知识，本章将介绍这几种时间轴基础动画的特点及制作方法。

6.3 任务分析

1．目的

了解逐帧动画、遮罩动画、补间动画等的特点，掌握各种类型动画的创建方法，能够将这些知识应用到实际动画设计中，做到学以致用。

2．重点

（1）创建逐帧动画。

（2）创建遮罩动画。

（3）创建补间动画。

3．难点

（1）遮罩动画的制作。

（2）补间动画的制作。

6.4 技能目标

（1）掌握各种类型的动画制作。

（2）能够将学到的知识应用到实际动画设计中，制作出优质的动画。

6.5 任务讲析

6.5.1 实例演练——百叶窗效果的制作

01 新建一个Flash文档，然后设置文档的属性，如图6-1所示。接着将"第6章\百叶窗效果\image 1.jpg～image 6.jpg"图片素材导入到库中。

02 新建影片剪辑sprite1，在编辑区域绘制一个白色矩形，如图6-2所示。

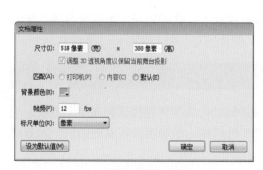

图6-1 新建文档并设置属性

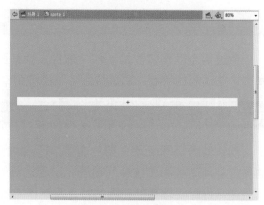

图6-2 绘制矩形

03 在第29帧处插入关键帧，然后对所绘图形实施变形。在第1～29帧间创建形状补间。在第30帧处插入空白关键帧并添加脚本_root.play();，如图6-3所示。

04 新建影片剪辑sprite2，拖入元件sprite1。新建sprite3，将元件sprite2多次拖入并进行排列，然后再改变其色彩效果。新建影片剪辑sprite4并拖入元件sprite3，如图6-4所示。

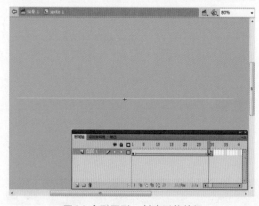

图6-3 变形图形、创建形状补间

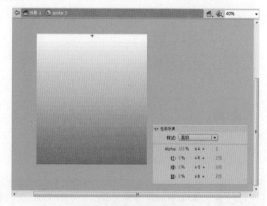

图6-4 新建影片剪辑

05 返回主场景，在第2～6帧处插入空白关键帧，然后依次将图片image1～6拖至各关键帧的编辑区，如图6-5所示。

06 新建图层2，在第2～6帧处插入空白关键帧，将图片image6～1依次拖至各关键帧的编辑区，如图6-6所示。

图6-5 在图层1中拖入图片

图6-6 在图层2中拖入图片

07 新建图层3，在第2～6帧处插入空白关键帧，将元件sprite4拖至各帧编辑区并调整其位置。将图层3设为图层2的遮罩层，如图6-7所示。

08 新建图层4，在第2～6帧处插入空白关键帧，分别在各关键帧的"动作"面板中输入脚本stop();，如图6-8所示。

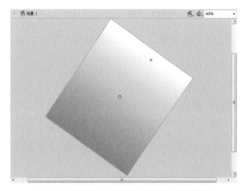

图6-7 在图层3中放置元件并设置遮罩层

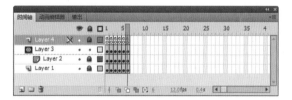

图6-8 新建图层、添加脚本

09 按"Ctrl+S"组合键，以"百叶窗效果"为名称保存文件。按"Ctrl+Enter"组合键对该动画进行测试，如图6-9、图6-10所示。

图6-9 测试动画效果1

图6-10 测试动画效果2

6.5.2 基础知识解析

1.逐帧动画

逐帧动画在每一帧中都会更改舞台内容，它最适合于图像在每一帧中都在变化而不仅是在舞台上移动的复杂动画。逐帧动画增加文件大小的速度比补间动画快得多。在逐帧动画中，Flash会存储每个完整帧的值。

创建逐帧动画时，要先将每个帧都定义为关键帧，然后为每个帧创建不同的图像。每个新关键帧最初包含的内容和它前面的关键帧是一样的，因此可以递增地修改动画中的帧。

逐帧动画由位于同一图层的许多单个的关键帧组合而成，在每个帧上都有关键性变化的动画，适合制作相邻关键帧中对象变化不大的动画。在播放动画时，Flash就会逐帧地显示每一帧中的内容。

（1）逐帧动画的特点

逐帧动画具有如下特点。

- ❖ 逐帧动画会占用较大的内存，因此文件很大。
- ❖ 逐帧动画由许多单个的关键帧组合而成，每个关键帧均可独立编辑，且相邻关键帧中的对象变化不大。
- ❖ 逐帧动画中的每一帧都是关键帧，每帧的内容都要进行手动编辑，工作量很大，因此如果不是特别需要，建议不采用逐帧动画的方式。

（2）导入逐帧动画

在Flash CS4中，用户可以通过导入JPEG格式的连续图像和导入GIF格式的图像创建逐帧动画，也可以自己动手绘制图形，创建逐帧动画。导入GIF格式的位图与导入同一序列的JPEG格式的位图类似，只需将GIF格式的图像直接导入到舞台，即可在舞台直接生成动画，如图6-11、图6-12所示。

图6-11 GIF图像的第1帧　　　　　　图6-12 GIF图像的第2帧

（3）制作逐帧动画

制作逐帧动画主要是在制作动画中创建逐帧动画中每一帧的内容，这项工作是在Flash内部完成的。制作好每一帧的内容，然后执行"控制"＞"播放"即可看到动画效果。图

6-13、图6-14所示为翱翔的雄鹰在第1帧和第19帧的图。

图6-13 第1帧位置

图6-14 第19帧位置

2.补间动画

补间是通过为一个帧中的对象属性指定一个值并为另一个帧中相同的属性指定另一个值创建的动画。Flash可以计算这两个帧之间该属性的值。

（1）形状补间动画

形状补间动画适用于图形对象。在两个关键帧之间可以制作出图形变形效果，让一种形状随时变化成另一种形状，还可以使形状的位置、大小和颜色进行渐变。

在形状补间中，在时间轴中的一个特定帧上绘制一个矢量形状然后更改该形状，或在另一个特定帧上绘制另一个形状。Flash将内插中间帧的形状，创建一个形状变形为另一个形状的动画。对于形状补间动画，要为一个关键帧中的形状指定属性，然后在后续关键帧中修改形状或者绘制另一个形状。正如补间动画一样，Flash在关键帧之间创建补间动画，其具体操作方法如下。

01 执行"文件">"打开"命令或按"Ctrl+O"组合键，打开"第6章\形状补间.fla"素材文件，如图6-15所示。

02 选择图层1的第1帧，将"库"面板中的元件1拖至舞台，并设置其对齐舞台，如图6-16所示。

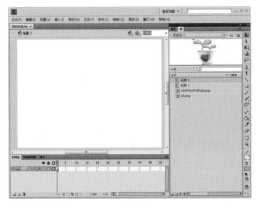

图6-15 打开素材文件

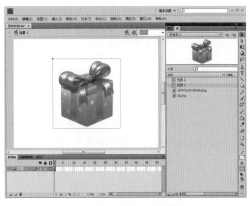

图6-16 拖入元件并对齐舞台

03 保持元件1的实例为选择状态，连续按"Ctrl+B"组合键，打散实例，如图6-17所示。

04 在图层1的第25帧插入空白关键帧，将元件2拖至舞台，放置在舞台正中心，并将其打散，如图6-18所示。

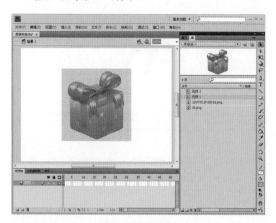

图6-17 打散实例　　　　　　　　　　　　　　　图6-18 拖入元件2、打散实例

05 在第1～25帧之间创建补间形状动画，如图6-19所示。然后新建一个图层，拖入背景图片，并调整图层顺序。

06 按"Ctrl+Enter"组合键，测试影片，预览制作好的形状补间，效果如图6-20所示。

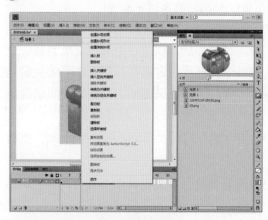

图6-19 创建补间形状　　　　　　　　　　　　　图6-20 测试动画

小知识：形状提示

　　在Flash CS4中，执行以下操作可以查看所有形状提示、删除形状提示或删除所有形状提示。

❖ 选择"视图"＞"显示形状提示"命令，可以查看所有形状提示。

❖ 选择舞台中的形状提示，将其拖离舞台，可以删除所选择的形状提示。

❖ 选择"修改"＞"形状"＞"删除所有提示"命令，可以删除所有形状提示。

在Flash CS4中，选择图层中形状补间中的帧，在"属性"面板的"补间"区中有两个设置形状补间属性的选项，如图6-21所示。其含义分别如下。

图6-21 形状补间的属性选项

✤ 缓动：在该数值框中，如果输入一个负值，则在补间开始处缓动；如果输入一个正值，则在补间结束处缓动。

✤ 混合：用于设置形状补间动画的混合属性。在该下拉列表中，包含了"分布式"和"角形"两个选项。将"混合"模式设置为"分布式"，可以建立平滑插入的图形；设置为"角形"，可以以角和直线建立插入的图形。

（2）运动补间动画

运动补间是根据同一对象在两个关键帧中大小、位置、旋转、倾斜、透明度等属性的差别计算生成的，主要用于组、图形元件、按钮、影片剪辑以及位图等，但是不能用于矢量图形。

①创建运动补间动画

补间的对象类型包括影片剪辑、图形和按钮元件以及文本字段。可补间的对象的属性包括以下几项。

✤ 2D X和Y位置。

✤ 3D Z位置。

✤ 2D旋转（绕Z轴）。

✤ 3D X、Y和Z旋转。

✤ 3D动画要求Flash文件在发布设置中面向 ActionScript 3.0和Flash Player 10。

✤ 倾斜X和Y。

✤ 缩放X和Y。

✤ 颜色效果。颜色效果包括Alpha（透明度）、亮度、色调和高级颜色设置。只能在元件上补间颜色效果。如果要在文本上补间颜色效果，可将文本转换为元件。

✤ 所有滤镜属性。

选择补间动画两关键帧间的任意一帧，即可在"属性"面板对补间动画进行更加细致的设置，该面板如图6-22所示。

其中各主要选项的含义分别如下。

✤ 实例名称：用于为实例命名。

✤ 缓动：用于设置动画缓动的时间。

✤ 旋转：在该列表区中，可以设置旋转的次数、角度、旋转的方法（无、顺时针或逆时针）以及是否调整到路径。

✤ 路径：可以设置运动路径X和Y的位置。

✤ 选项：在该列表区中，可以设置是否同步元件。

✤ 补间应用于元件实例和文本字段。只能补间元件实例和文本字段。在将补间应用于所有其他对象类型时，这些对象将包装在元件中。元件实例可包含嵌套元件，这些元件可在自己的时间轴上进行补间。

图6-22 补间动画属性

补间图层中的最小构造块是补间范围。补间图层中的补间范围只能包含一个元件实例。元件实例称为补间范围的目标实例。将第二个元件添加到补间范围将会替换补间中的原始元件。将其他元件从库拖到时间轴中的补间范围上，可更改补间的目标对象。可从补间图层删除元件，而不必删除或断开补间。这样以后可以将其他元件实例添加到补间中，也可以更改补间范围的目标元件的类型。

小知识：补间动画的特点

与逐帧动画相比，动作补间动画和形状补间动画具有以下几个特点。

❖ 补间动画并不需手动地创建每个帧的内容，只需要创建两个帧的内容，两个帧之间的所有动画都由Flash创建，因此其制作方法简单方便。

❖ 补间动画除了两个关键帧用手动控制外，中间的帧都由Flash自动生成，技术含量更高，过渡更自然，因此其渐变过程更为连贯。

❖ 渐变动画的文件更小，占用内存少。

②编辑运动补间动画

可以在舞台、属性检查器或动画编辑器中编辑各属性的关键帧。通过"动画编辑器"面板，可以查看所有补间属性及其属性的关键帧。它还提供了向补间添加精度和详细信息的工具。动画编辑器显示当前选定的补间的属性。在时间轴中创建补间后，动画编辑器允许用户以多种不同的方式来控制补间。

在Flash CS4中，执行"窗口">"动画编辑器"命令，打开"动画编辑器"面板，如图6-23所示。

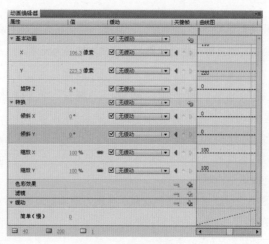

图6-23 动画编辑器

使用动画编辑器可以进行以下操作。

❖ 设置各属性关键帧的值。

❖ 添加或删除各个属性的属性关键帧。

❖ 将属性关键帧移动到补间内的其他帧。

❖ 将属性曲线从一个属性复制并粘贴到另一个属性。

❖ 翻转各属性的关键帧。

✤ 重置各属性或属性类别。

✤ 使用贝赛尔控件对大多数单个属性的补间曲线的形状进行微调（X、Y和Z属性没有贝赛尔控件）。

✤ 添加或删除滤镜或色彩效果并调整其设置。

✤ 向各个属性和属性类别添加不同的预设缓动。

✤ 创建自定义缓动曲线。

✤ 将自定义缓动添加到各个补间属性和属性组中。

✤ 对X、Y和Z属性的各个属性关键帧启用浮动。通过浮动，可以将属性关键帧移动到不同的帧或在各个帧之间移动以创建流畅的动画。

3.传统补间动画

Flash支持两种不同类型的补间以创建动画。补间动画，在Flash CS4中引入，功能强大且易于创建。通过补间动画可对动画进行最大程度的控制。传统补间（包括在早期版本的Flash中创建的所有补间）的创建过程更为复杂。补间动画提供了更多的补间控制，而传统补间提供了一些用户可能希望使用的特定功能。

在Flash CS4中，传统补间和补间动画之间的差异有以下几点。

✤ 传统补间使用关键帧。关键帧是其中显示对象的新实例的帧。补间动画只能具有一个与之关联的对象实例，并使用属性关键帧而不是关键帧。

✤ 补间动画在整个补间范围上由一个目标对象组成。

✤ 补间动画和传统补间都只允许对特定类型的对象进行补间。若应用补间动画，则在创建补间时会将所有不允许的对象类型转换为影片剪辑。应用传统补间则会将这些对象类型转换为图形元件。

✤ 补间动画会将文本视为可补间的类型，而不会将文本对象转换为影片剪辑。传统补间会将文本对象转换为图形元件。

✤ 在补间动画范围上不允许帧脚本。传统补间允许帧脚本。

✤ 补间目标上的任何对象脚本都无法在补间动画范围的过程中更改。

✤ 可以在时间轴中对补间动画范围进行拉伸和缩放，并将它们视为单个对象。传统补间包括时间轴中可分别选择的帧组。

✤ 若要在补间动画范围中选择单个帧，必须按住"Ctrl"键单击帧。

✤ 对于传统补间，缓动可应用于补间内关键帧之间的帧组。对于补间动画，缓动可应用于补间动画范围的整个长度。若要仅对补间动画的特定帧应用缓动，则需要创建自定义缓动曲线。

✤ 利用传统补间，可以在两种不同的色彩效果（如色调和Alpha透明度）之间创建动画。补间动画可以对每个补间应用一种色彩效果。

✤ 只可以使用补间动画来为3D对象创建动画效果。无法使用传统补间为3D对象创建动画效果。

✤ 只有补间动画才能保存为动画预设。

✤ 对于补间动画，无法交换元件或设置属性关键帧中显示的图形元件的帧数。应用了这些技术的动画要求使用传统补间。

4.运动引导动画

在制作运动引导动画时，必须创建引导层，引导层是Flash中一种特殊的图层，在影片中起到了重要的作用。引导层不会导出，因此不会显示在发布的SWF文件中。任何图层都可以作为引导层。

（1）制作运动引导动画（单个）

引导动画主要是通过引导层创建的。它是一种特殊的图层，在这个图层中有一条线，可以让某个对象沿着这条线运动，从而制作出沿曲线运动的动画，如图6-24、图6-25所示。

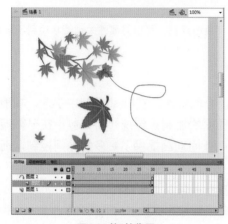 

图6-24 第1帧位置　　　　　　　　　　　　　　　图6-25 最后一帧位置

（2）制作运动引导动画（多个）

多个对象的引导动画是指将多个被引导层中的对象链接到引导层中，从而引导多个对象的动画。例如，可以制作物体相撞的动画效果，如图6-26、图6-27所示。

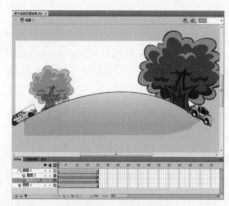 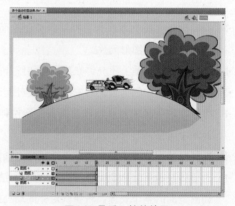

图6-26 第1帧的效果　　　　　　　　　　　　　　　图6-27 最后一帧的效果

5.遮罩动画

遮罩动画指的是在Flash动画中至少会使用的一种遮罩效果的动画。遮罩效果在Flash中有广泛的应用。遮罩动画是Flash设计中对元件或影片剪辑控制的一个重要的部分，在设计动画时，首先要分清哪些元件需要运用遮罩，在什么时候运用遮罩。合理地运用遮罩效果会使动画看起来更流畅，元件与元件之间的衔接时间很准确，具有丰富的层次感和立体感。

（1）在遮罩层制作动画

在制作遮罩动画中，共分为3个图层，分别是背景层、遮罩层和被遮罩层。在背景层和被遮罩层中分别放不同的图像，在遮罩层中制作一个逐渐显示的与舞台相同大小的长方形动画。这样当动画播放时，被遮罩层中的图像逐渐显露出来，将背景层中的图像遮住，形成一个转场效果，动画效果如图6-28、图6-29所示。

 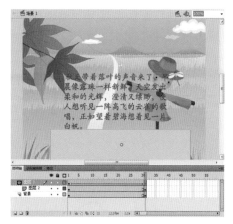

图6-28 第1帧位置　　　　　　　　　　　　　图6-29 最后一帧位置

在制作遮罩层动画时，应注意以下3点。

❖ 若要获得聚光灯效果和过渡效果，可以使用遮罩层创建一个孔，通过这个孔可以看到下面的图层。遮罩项目可以是填充的形状、文字对象、图形元件的实例和影片剪辑。将多个图层组织在一个遮罩层下可创建复杂的效果。

❖ 若要创建动态效果，可以让遮罩层动起来。

❖ 若要创建遮罩层，请将遮罩项目放在要用作遮罩的图层上。

小知识：锁定遮罩层、被遮罩层

只有遮罩层与被遮罩层同时处于锁定状态，才会显示遮罩效果。如果需要对两个图层中的内容进行编辑，可将其解除锁定，编辑结束后再将其锁定。

（2）在被遮罩层制作动画

在被遮罩层中制作动画，是指遮罩层中的对象不发生变化，而是通过改变被遮罩层中的对象来制作动画。例如，制作探照灯，效果如图6-30、图6-31所示。

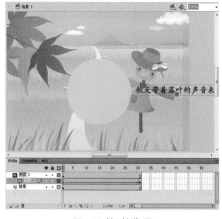 

图6-30 第1帧位置　　　　　　　　　　　　　图6-31 最后一帧位置

6．滤镜动画

用户可以直接从"属性"面板中的"滤镜"栏中为对象添加滤镜。选择要添加滤镜的对象，在"属性"面板中展开"滤镜"栏，在面板底部单击"添加滤镜"按钮，在弹出的快捷菜单中选择一种滤镜，然后设置相应的参数即可。

（1）滤镜效果

滤镜效果包括投影、模糊、发光、斜角、渐变发光、渐变斜角和调整颜色效果。下面将进行具体介绍。

①投影

投影滤镜模拟对象投影到一个表面的效果，如图6-32、图6-33所示。

图6-32 原图　　　　　　　　图6-33 应用投影滤镜

②模糊

模糊滤镜可以柔化对象的边缘和细节，如图6-34、图6-35所示。将模糊应用于对象，可以让它看起来好像位于其他对象的后面，或者使对象看起来好像是运动的。

图6-34 原图　　　　　　　　图6-35 应用模糊滤镜

③发光

发光滤镜可以使对象的边缘产生光线投射效果，既可以使对象的内部发光，也可以使对象的外部发光，如图6-36、图6-37所示。

图6-36 原图　　　　　　　　图6-37 应用发光滤镜

④斜角

应用斜角就是向对象应用加亮效果，使其看起来凸出于背景表面。斜角滤镜可以使对象产生一种浮雕效果，如果用户将其阴影色与加亮色设置的对比非常强烈，则其浮雕效果更加明显，如图6-38、图6-39所示。

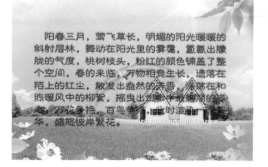

图6-38 原图　　　　　　　　　　　　　　　　图6-39 应用斜角滤镜

⑤渐变发光

应用渐变发光，可以在发光表面产生带渐变颜色的发光效果，如图6-40、图6-41所示。渐变发光要求渐变开始处颜色的Alpha值为0。用户不能移动此颜色的位置，但可以改变该颜色。

图6-40 原图　　　　　　　　　　　　　　　　图6-41 应用渐变发光滤镜

⑥渐变斜角

渐变斜角滤镜效果与斜角滤镜效果相似，只是斜角滤镜效果只能够更改其阴影色和加亮色，而渐变斜角滤镜效果可以添加多种颜色，如图6-42、图6-43所示。

图6-42 原图　　　　　　　　　　　　　　　　图6-43 应用渐变斜角

⑦调整颜色

使用调整颜色滤镜可以改变对象的各颜色属性，主要是改变对象的亮度、对比度、饱和度和色相属性，使用户更方便地为对象着色，如图6-44、图6-45所示。

图6-44 原图

图6-45 调整颜色

（2）滤镜动画的应用

为了防止在补间一端缺少某个滤镜或者滤镜在每一端以不同的顺序应用时，补间动画不能正常运行，Flash会执行以下操作。

- ✤ 若将补间动画应用于已应用了滤镜的影片剪辑，则在补间的另一端插入关键帧时，该影片剪辑在补间的最后一帧上自动具有它在补间开头所具有的滤镜，并且层叠顺序相同。

- ✤ 若将影片剪辑放在两个不同帧上，并且对于每个影片剪辑应用不同滤镜，此外，两帧之间又应用了补间动画，则Flash首先处理带滤镜最多的影片剪辑。然后，Flash会比较应用于第一个影片剪辑和第二个影片剪辑的滤镜。如果在第二个影片剪辑中找不到匹配的滤镜，Flash会生成一个不带参数并具有现有滤镜颜色的虚拟滤镜。

- ✤ 若两个关键帧之间存在补间动画并且向其中一个关键帧中的对象添加了滤镜，则Flash会在到达补间另一端的关键帧时自动将一个虚拟滤镜添加到影片剪辑。

- ✤ 若两个关键帧之间存在补间动画并且从其中一个关键帧中的对象上删除了滤镜，则Flash会在到达补间另一端的关键帧时自动从影片剪辑中删除匹配的滤镜。

- ✤ 若补间动画起始处和结束处的滤镜参数设置不一致，则Flash会将起始帧的滤镜设置应用于插补帧。挖空、内侧阴影、内侧发光以及渐变发光的类型、渐变斜角的类型在补间起始和结束处设置不同时会出现不一致的效果。

6.6 能力拓展

6.6.1 触类旁通——商业广告的制作

01 新建一个Flash文件并设置其"文档属性"，其中"宽"和"高"分别为910像素和500像素，"背景色"为"白色"。执行"文件">"导入">"打开外部库"命令，打开"打开外部库"对话框，选择"第6章\商业广告的制作\元件素材.fla"素材文件，单击"打开"按钮，打开"库-元件素材"外部库，如图6-46所示。

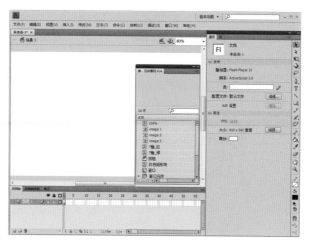

图6-46 将外部库元件拖至"库"面板

02 选择外部库中的所有元素，将其直接拖至当前文档所对应的"库"面板中，如图6-47所示。

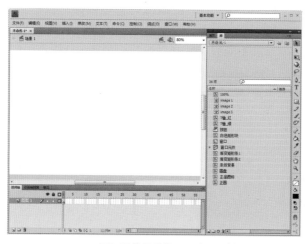

图6-47 将元件拖入"库"面板

03 新建"标识动画"影片剪辑元件，使用文本工具，在"属性"面板中设置字体的"系列"、"大小"和"文本（填充）颜色"分别为"迷你简秀英"、50和"红色"，其他设置保持默认，在舞台中输入"淘衣屋"，如图6-48所示。

图6-48 输入文本并设置属性

04 选择"淘"字，修改其"文本（填充）颜色"为"橘红色"（#FF6600），并依次修改"衣"和"屋"文字的"文本（填充）颜色"分别为"天蓝色"（#32CCFF）和"黄色"（#FFCC32），如图6-49所示。

图6-49 修改文本颜色

05 选择文本，按"Ctrl+B"组合键，将其分离为单个文字，选择"淘"字，在"属性"面板的"滤镜"区中为其添加"阴影颜色"、"模糊"值、"强度"和"品质"分别为"白色"、2、500%和"高"的"发光"滤镜，如图6-50所示。同理，依次为"衣"、"屋"文字添加相同的"发光"滤镜，如图6-51所示。

图6-50 添加滤镜效果

图6-51 为其他字添加滤镜

06 使用选择工具选择"淘"字，按"F8"键将其转换为"淘"影片剪辑元件。同理，依次将"衣"和"屋"文字转换为相应的影片剪辑元件，如图6-52所示。选择"淘"、"衣"和"屋"3个实例并单击鼠标右键，在弹出的快捷菜单中选择"分散到图层"命令，将实例分散到图层，并删除"图层1"，如图6-53所示。

图6-52 转换为影片剪辑元件

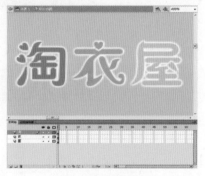

图6-53 分散到图层

07 选择"淘"实例,在"属性"面板中显示其X和Y值分别为−226.3和−120.85,选择"衣"实例,修改其Y值为−158.85,即将该实例垂直向上移动一小段距离,如图6-54所示。在"淘"图层中的第17帧、第19帧、第20帧和第21帧处插入关键帧,并在第1~17帧、第17~19帧间创建传统补间动画,如图6-55所示。

图6-54 改变实例位置

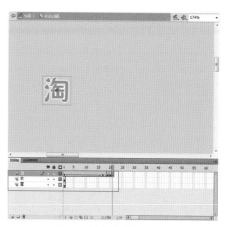

图6-55 创建传统补间动画

08 依次选择"淘"图层中第1帧、第17帧和第19帧所对应的实例,在"属性"面板中修改其Y值为分别为−240.85、−125.85和−133.85,制作出实例先向上跳一大段距离,然后下落再向上跳一小段距离的动画,如图6-56所示。选择第1~17帧间的任意一帧,在"属性"面板的"补间"区设置其"缓动"值为−100,并设置其他参数,如图6-57所示。

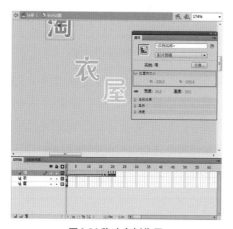

图6-56 移动实例位置

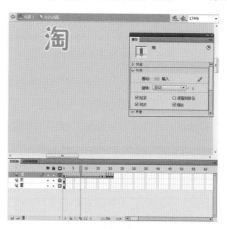

图6-57 设置"缓动"参数

09 参照上一步的操作,为"淘"图层的第17~19帧间的补间设置相同的补间属性,如图6-58所示。选择"衣"图层的第1帧,将其拖至第9帧,即第9帧之前的帧为空白帧,在该图层的第24帧处插入关键帧,并在第9~24帧间创建传统补间动画,如图6-59所示。

10 选择"屋"图层的第1帧,将其拖至第13帧,即第13帧之前的帧为空白帧,在该图层中的第29帧插入关键帧,并在第13~29帧间创建传统补间动画,如图6-60所示。选择所有图层的第50帧并插入帧,选择"衣"图层中第9帧所对应的实例,在"属性"面板中设置其X值为−348.2,即将实例向左移动一段距离,如图6-61所示。

图6-58 设置补间属性

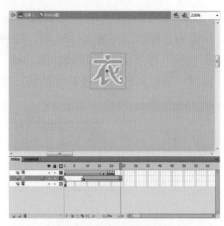

图6-59 创建传统补间动画

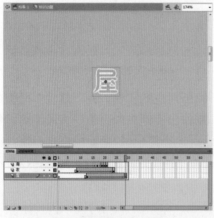

图6-60 创建传统补间动画

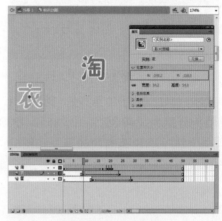

图6-61 移动实例位置

⑪ 选择"衣"图层第9~24帧间的任意一帧，在"属性"面板中设置动画属性，如图6-62
所示。选择"屋"图层中第13帧所对应的实例，在"属性"面板中设置"颜色样式"
为"Alpha"，"Alpha数量"为0，如图6-63所示。

图6-62 设置动画属性

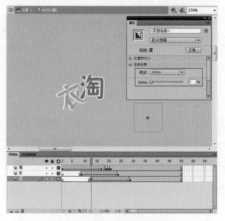

图6-63 设置实例颜色样式

⑫ 选择"屋"图层第13～29帧之间的任意一帧，在"属性"面板中设置动画属性，如图6-64所示。新建"发光球"图形元件，使用椭圆工具绘制一个"宽度"和"高度"均为397.9的正圆，并设置其"填充颜色"为"白色"（Alpha值为34%）至"白色"（Alpha值为0）的"放射状"渐变，如图6-65所示。

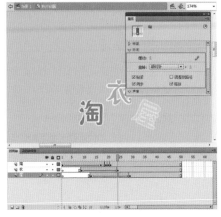

图6-64 设置动画属性

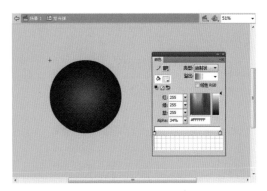

图6-65 新建"发光球"图形元件

⑬ 新建"闪光球"图形元件，使用椭圆工具，在舞台上绘制一个"宽度"和"高度"均为84的正圆，如图6-66所示，并设置其"填充颜色"为"白色"至"白色"（Alpha值为0）的"放射状"渐变，如图6-67所示。

图6-66 "闪光球"图形元件大小

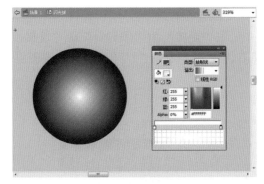

图6-67 填充渐变颜色

⑭ 新建"图层2"，使用椭圆工具，在舞台上绘制一个"宽度"和"高度"分别为114和8的椭圆，并设置其"填充颜色"为"白色"至"白色"（Alpha值为0）的"放射状"渐变，如图6-68所示。复制刚绘制的椭圆，将刚绘制的椭圆旋转90°，放置在原椭圆的水平中心，如图6-69所示。

⑮ 新建"闪光球_动"影片剪辑元件，将"闪光球"元件拖至舞台，如图6-70所示。在"变形"面板中设置其"缩放宽度"和"缩放高度"值均为48.1%。在"图层1"的第11帧、第22帧处插入关键帧，并在各关键帧间创建传统补间动画，分别选择第1帧和第22帧所对应的实例，设置其"实例样式"为"Alpha"，"Alpha数量"为0，如图6-71所示。

图6-68 绘制椭圆

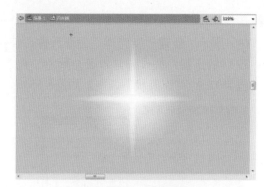

图6-69 复制、旋转椭圆

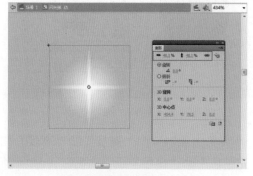

图6-70 新建影片剪辑元件

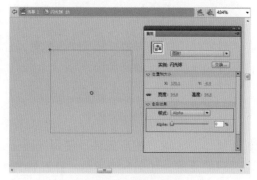

图6-71 设置实例样式

⑯ 同时选择"图层1"的第1～11帧和第11～22帧之间的任意一帧，在"属性"面板的"补间"区中设置"旋转"为"顺时针"、"旋转次数"为1，如图6-72所示。新建"图层2"，将其放置在"图层1"的下方，并在该图层的第45帧插入帧，如图6-73所示。

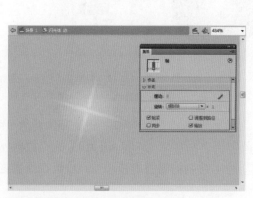

图6-72 设置补间属性

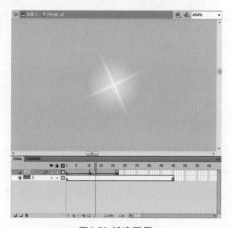

图6-73 新建图层

⑰ 返回主场景，将"图层1"更名为"背景"，将"条纹背景"元件拖至舞台的合适位置，如图6-74所示。在"背景"图层的第175帧插入帧，新建"发光球"图层，将"库"面板中的"发光球"元件拖至舞台，设置其"宽度"、"高度"、X和Y值分别为587.9、360、561.9和291.9，Alpha值为45%，如图6-75所示。

图6-74 拖入"条纹背景"元件

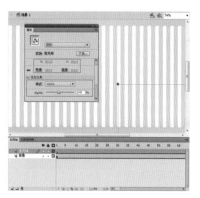

图6-75 设置"发光球"实例属性

⑱ 使用选择工具选择"发光球"实例,按"Ctrl+D"组合键再制实例,并调整再制实例的"宽度"、"高度"、X和Y值分别829.85、829.85、5和−342.85,Alpha值为80%,如图6-76所示。新建"100%"图层,将库中"100%"元件拖至舞台,设置其X和Y值分别为441.3和329.5,如图6-77所示。

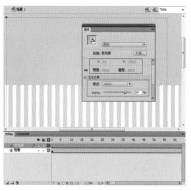

图6-76 再制实例并设置属性

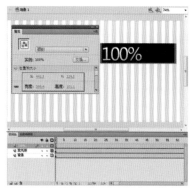

图6-77 拖入元件

⑲ 在"100%"图层的第10帧、第12帧和第13帧处插入关键帧,并在各关键帧间创建传统补间动画,选择第1帧所对应的实例,修改其X值为688.75(水平向右移动实例),并为实例添加"高级"颜色样式,如图6-78所示。选择"100%"图层中第10帧所对应的实例,修改其X值为424.75,并为实例添加"高级"颜色样式,如图6-79所示。

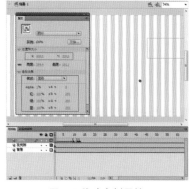

图6-78 修改实例属性

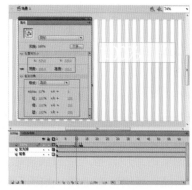

图6-79 添加"高级"颜色样式

⑳ 选择"100%"图层中第12帧所对应的实例，修改其X值为435.75，并为实例添加"高级"颜色样式，如图6-80所示。参照"100%"图层中各关键帧的创建，创建"品质保证"图层，所对应的实例为"品质保证"，制作出实例从右向左、从透明到逐渐清晰的动画，如图6-81所示。

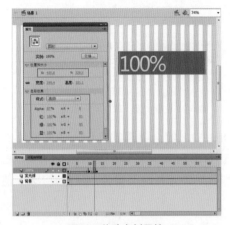 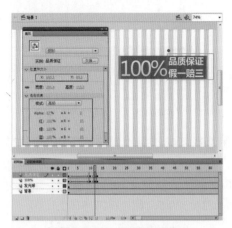

图6-80 修改实例属性　　　　　　　　　　图6-81 制作"品质保证"动画

㉑ 新建"专柜新品"图层，在该图层的第7帧插入空白关键帧，将库中的"专柜新品"元件拖至舞台，设置其X和Y值分别为462.5和99.4，如图6-82所示。选择"专柜新品"实例，在"属性"面板的"滤镜"区为其添加"投影"滤镜，并设置相应的参数，如图6-83所示。

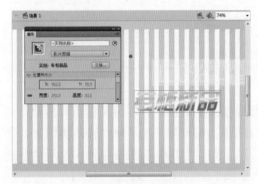 

图6-82 拖入元件　　　　　　　　　　图6-83 添加滤镜效果

㉒ 在"专柜新品"图层上选择第8帧并向右拖动鼠标至第19帧，选中第8～19帧间的全部帧，然后插入关键帧，并在各关键帧之间创建传统补间动画，如图6-84所示。选择"专柜新品"图层中第7帧所对应的实例，修改其Y值为346.9，并为其添加"高级"颜色样式，如图6-85所示。

㉓ 同理，依次设置第8～18帧所对应实例的Y值和"高级"颜色样式，制作出"专柜新品"实例从下往上、从透明到逐渐清晰的动画，如图6-86所示。新建"闪光球_动1"图层，在该图层的第19帧插入空白关键帧，将库中的"闪光球_动"元件拖至舞台，放置在"专柜新品"实例的右上角，如图6-87所示。

图6-84 创建补间动画

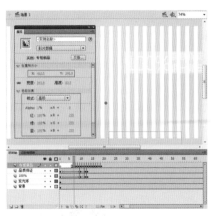

图6-85 设置实例属性

图6-86 制作"专柜新品"动画

图6-87 拖入元件

㉔ 参照"专柜新品"图层的创建，创建"抢先发布"和"闪光球_动2"图层，制作出"抢先发布"实例从下往上、从透明到逐渐清晰并添加闪光球旋转的动画，如图6-88所示。新建"闪光球_动3"图层，在该图层的第30帧插入空白关键帧，将"闪光球_动"元件拖至舞台，将其放置在"专"字图形上，再制"闪光球_动"实例，将其放置在"发"字图形上，如图6-89所示。

图6-88 制作闪光球旋转动画

图6-89 再制实例

㉕ 新建"文本"图层,将"库"面板中的"文本"元件拖至舞台,放置在"抢先发布"实例的下方,并为其添加"阴影颜色"为"白色"的"发光"滤镜,如图6-90所示。

㉖ 新建"圆盘"图层,在该图层的第24帧插入空白关键帧,将"圆盘"元件拖至舞台,设置其X和Y值分别为195和20。在"圆盘"图层的第33帧、第37帧和第39帧处插入关键帧,并在各关键帧间创建传统补间动画,选择第24帧所对应的实例,在"变形"面板中设置其"缩放宽度"和"缩放高度"值均为1%,在"属性"面板中设置Alpha值为0,如图6-91所示。

图6-90 设置文本属性

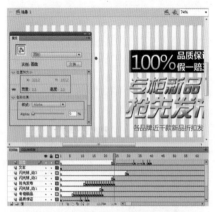

图6-91 缩放实例、设置Alpha值

㉗ 依次设置"圆盘"图层第33帧、第37帧和第39帧所对应实例等比例缩放,即"缩放宽度"和"缩放高度"值相同,3帧的数值分别为120%、90%和96.7%,制作出"圆盘"实例由小变大,由大变小,然后再变大的动画,如图6-92所示。新建"T恤_红"图层,在该图层的第40帧插入空白关键帧,将"T恤_红"元件拖至舞台,设置其X和Y值分别为202.5和63.6,如图6-93所示。

图6-92 缩放实例

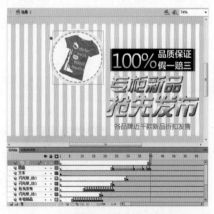

图6-93 拖入元件

㉘ 在"T恤_红"图层的第48帧、第51帧和第53帧插入关键帧,并在各关键帧间创建传统补间动画,选择第40帧所对应的实例,修改其Y值为281.6,如图6-94所示。依次设置"T恤_红"图层的第48帧、第51帧和第53帧所对应实例的Y值分别为33.6、83.6和

70.25，制作出"T恤_红"实例由下往上、由上向下再向上，然后向下的动画，如图6-95所示。

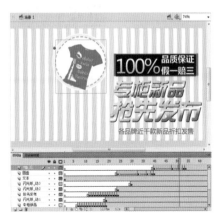

图6-94 创建补间动画   图6-95 设置属性

㉙ 新建"正圆"图层，在该图层的第40帧插入空白关键帧，将"正圆"元件拖至舞台，放置在"T恤_红"实例的正上方，如图6-96所示。选择"正圆"图层并单击鼠标右键，在弹出的快捷菜单中选择"遮罩层"命令，创建遮罩动画，如图6-97所示。

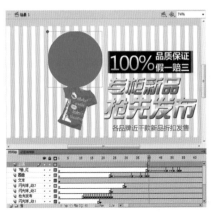

图6-96 拖入元件   图6-97 创建遮罩动画

㉚ 新建"价格1"图层，在该图层的第52帧插入空白关键帧，将"价格1"元件拖至舞台，设置其X和Y值分别为80.1和168.3，如图6-98所示。在"价格1"图层的第53帧、第54帧、第57帧和第59帧处插入关键帧，并在各关键帧间创建传统补间动画，选择第52帧所对应的实例，修改其Y值为208.25，Alpha值为0，如图6-99所示。

㉛ 依次设置"价格1"图层的第53帧、第54帧、第57帧和第59帧所对应实例的Y值分别为196.25、184.25、148.25和161.6，其中第53帧和第54帧所对应实例的Alpha值分别为20%和40%，制作出"价格1"实例由下往上、由上向下再向上的动画，如图6-100所示。用同样的方法依次新建"圆盘"、"T恤_绿"、"正圆"和"价格2"图层，并在各图层上创建相应的动画，制作出绿T恤从圆盘里由下往上、由上向下再向上运动以及相应的价格动画，如图6-101所示。

图6-98 拖入元件

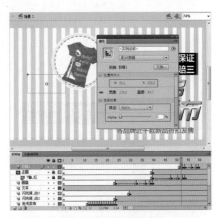

图6-99 设置实例属性

图6-100 设置实例属性

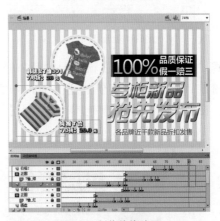

图6-101 制作价格动画

㉜ 新建"正品图标"图层，将"正品图标"元件拖至舞台，放置在舞台的左上角，如图6-102所示。新建"标识"图层，将"标识动画"元件拖至舞台，设置其"缩放宽度"和"缩放高度"值均为80%、X和Y值分别为938.4和182.3，如图6-103所示。

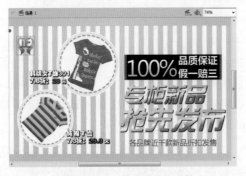

图6-102 拖入"正品图标"元件

图6-103 缩放实例

㉝ 新建"按钮"图层，将"按钮"元件拖至舞台，如图6-104所示。设置其X和Y值均为0。选择"按钮"实例，打开其"动作"面板输入相应的脚本。新建"窗口"图层，将"窗口"元件拖至舞台，设置其X和Y值分别为298.4和539.1，如图6-105所示。

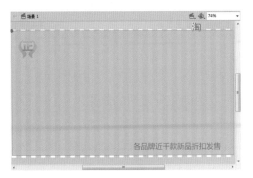
图6-104 拖入"按钮"元件

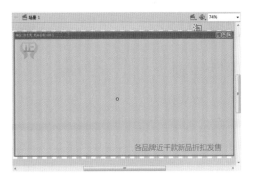
图6-105 设置实例属性

34 新建"脚本"图层，选择该图层的第1帧，按"F9"键打开"动作"面板，从中输入脚本：System.security.allowDomain("*");。最后保存并测试该影片，如图6-106、图6-107所示。

图6-106 测试影片效果1

图6-107 测试影片效果2

6.6.2 商业应用

在实际生活中，接触到最多的动画作品就是广告。目前在大大小小的网页中都能见到Flash制作的产品广告、宣传广告。图6-108所示为某网站中的服装宣传广告。

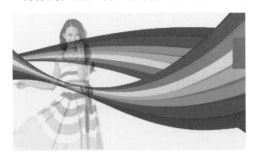

图6-108 服装宣传广告

6.7 本章小结

通过本章的学习，读者掌握了时间轴基础动画的制作，包括逐帧动画、遮罩动画、运动引导动画、补间动画等。本章通过百叶窗效果和背投广告的制作，向读者介绍了时间轴基础动画的应用，希望读者能够制作出优质的Flash动画作品。

6.8 认证必备知识

单项选择题

（1）将实例的_____设置为0%，实例可以达到完全透明的效果。

A.颜色

B.亮度

C.色调

D.Alpha值

（2）在沿引导层运动的动画中，必须使元件的_____吸附到运动路径上。

A.顶点

B.十字中心点

C.下端点

D.任意一点

多项选择题

（1）下面不能发生形状补间动画的选项有_____。

A.组合图形

B.元件

C.实例

D.未组合的矢量图形

（2）以下对于引导层的叙述，其中正确的有_____。

A.利用引导层可以制作对象沿着特定的路径运动的动画

B.可以将多个图层与同一个引导层相关联，从而使多个对象沿相同的路径运动

C.引导层中的内容不会显示在最终的动画中

D.在预览动画时，引导层中的引导线将显示在最终的动画中

判断题

（1）在Flash中，利用引导层可以使文本对象沿着复杂的路径移动。_____

（2）若要让Flash同时对若干个对象产生渐变动画，则必须将这些对象放置在不同的层中。_____

第7章　音频与视频动画的制作

7.1　任务题目　

　　通过制作电视播放特效和MV，掌握在动画中导入音视频并进行编辑的方法，能够在创作Flash动画时灵活地添加声音，更加突出主题效果。

7.2　任务导入　

　　在制作Flash动画时，常需要添加声音来提升动画的效果，如制作贺卡所需要的背景音乐，制作卡通短片时角色的对白及其他卡通音效，制作MTV时的主题音乐等。本章主要介绍声音的基础知识、在Flash中导入和编辑声音、优化和输出声音以及导入视频等内容。

7.3　任务分析　

1．目的

　　了解声音的格式、采样率、位深、声道、优化与输出，掌握在动画中导入并编辑声音的方法，掌握视频格式的转换、导入以及视频的编辑操作等。

2．重点

　　（1）掌握在动画中导入并编辑声音的方法。
　　（2）掌握视频格式的转换和导入视频。
　　（3）掌握视频的编辑等操作。

3．难点

　　（1）音频文件的导入与编辑。
　　（2）视频文件的导入。

7.4　技能目标　

　　（1）掌握音频与视频动画的应用。
　　（2）能够学以致用，独立制作声情并茂的Flash动画。

7.5 任务讲析

7.5.1 实例演练——制作电视播放效果

01 在Flash文档中新建图形元件"背景",并将"第7章\电视播放特效\素材\bg.jpg"导入到舞台。返回主场景,新建"背景"图层并将"背景"元件放至舞台中央,如图7-1所示。

02 新建图形元件"按钮",绘制一个直径为25、无边框、填充色为蓝色的圆形,如图7-2所示。

图7-1 新建元件、拖入背景

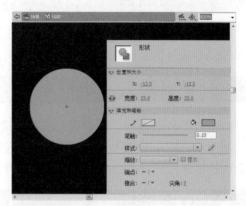

图7-2 绘制圆形

03 新建按钮元件"播放",拖入"按钮"元件,并设置其透明度为0。在第2帧插入关键帧并选中"按钮"元件,设置其Alpha值为20%,如图7-3所示。

04 用同样的方法创建按钮元件"暂停"和"停止",在主场景中新建"按钮"图层,拖入三个按钮,如图7-4所示。

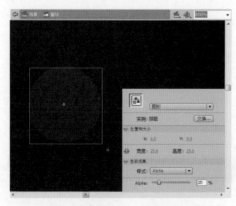

图7-3 新建按钮元件、设置Alpha值

图7-4 拖入三个按钮

05 将三个按钮放在电视机的按钮上,设置播放、暂停和停止按钮的实例名称为"play_btn"、"pause_btn"和"stop_btn",如图7-5所示。

06 新建影片剪辑"视频播放",将其放入主场景中合适的位置并设置实例名称为"video_mc",如图7-6所示。

图7-5 设置实例名称

图7-6 设置"视频播放"实例名称

07 新建"动作"图层，在第1帧上添加相应代码，通过对三个按钮的监听实现视频的加载、播放、暂停和停止，如图7-7所示。

08 执行"文件" > "发布设置" > "Flash" > "ActionScript 3.0设置"命令，取消勾选"严谨模式"和"自动声明舞台实例"复选框，如图7-8所示。

图7-7 添加动作脚本

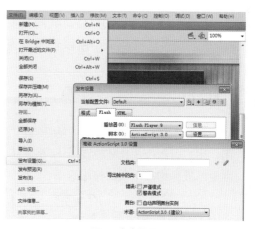

图7-8 发布设置

09 保存文件，按"Ctrl+Enter"组合键测试影片，如图7-9、图7-10所示。

图7-9 测试影片效果1

图7-10 测试影片效果2

7.5.2 基础知识解析

1.声音的基础知识

Flash支持多种格式的音频文件，共有两种声音类型，分别是事件声音和数据流声音。事件声音必须在影片完全下载后才能开始播放，数据流声音则是在下载影片足够的数据后即可开始播放，且声音的播放可以与时间轴上的动画保持同步，用户可以使用数据流音乐制作Flash MTV。

（1）声音的格式与类型

在Flash CS4中，可以导入的影片声音格式有WAV、MP3和ATFF（仅限苹果机）格式。若系统上安装了QuickTime 4或更高级版本，则可以导入一些附加声音文件，如AIFF和Sun AU等。下面将介绍适合Flash CS4引用的最常用的MP3和WAV音频格式。

①MP3格式

MP3是使用最为广泛的一种数字音频格式。对于追求体积小、音质好的Flash MTV来说，MP3是最理想的格式，经过压缩，体积很小，它的取样与编码技术优异。虽然MP3经过了破坏性的压缩，但是其音质仍然大体接近CD的水平。

②WAV格式

WAV是微软公司和IBM公司共同开发的PC标准声音格式。它直接保存对声音波形的采样数据，没有压缩数据，所以音质一流。但是其体积大，占用磁盘空间多，故在Flash MTV中没有得到广泛应用。

小知识：使用MP3文件

在制作MTV或游戏时，调用声音文件需要占用一定的磁盘空间和随机存取储存器空间，用户可以使用比WAV或AIFF格式压缩率高的MP3格式声音文件，这样可以减小作品容量，提高作品下载的传输速率。

（2）声音的采样率

声音的采样率就是采集声音样本的频率，即在一秒内采集了多少声音样本。

声音的原始信号如果以波形的形式表示出来，应该是一条光滑的曲线，但要把声音储存成数字信号，就要把声音分解成一个个的样本信息。可见，在一定时间内采集的声音样本越多，与原始声音就越接近。在声音学中，在一秒内采集的样本的数量称为声音的采样率。

一秒内采样的声音样本越多，声音就越清晰、越丰富、越细腻。在日常听到的声音中，CD音乐的采样率为44.1kHz（每秒钟有44100个样本），而广播的采样率只有22.5kHz。

声音的采样率与图像中的分辨率相似，分辨率是每英寸的图像包含多少像素，包含的像素越多，图像越清晰。

有关声音采样率与声音品质的关系，见表7-1。

表7-1 采样率与声音品质

采样率	声音品质	用途
48 kHz	录音棚效果	用于制作广播级的母带
44.1 kHz	CD效果	高保真声音或音乐
32 kHz	接近CD效果	专业、消费类数字摄录机
22.05 kHz	FM收音机效果	对要求不高的音乐剪辑
11.025 kHz	作为声效可以接受	演讲等人声、按钮等声音效果
5 kHz	简单的人声可以接受	单调的演讲

小知识：声音的采样率

几乎所有的声卡内置的采样率都是44.1kHz，所以在Flash上播放的声音的采样率应该是44.1的倍数，如22.05、11.025等。使用其他采样率的声音，虽然在Flash中可以播放，但是Flash会对它进行重新采样，最终播放出来的声音可能会比原始声音的声调偏高或偏低，这样就会背离原来的创作意图，影响Flash作品的整体效果。

（3）声音的位深

在Flash中，决定样本质量的因素是"位深"。所谓"声音的位深"，就是指录制每个声音样本的精确程度。如果以级数来表示，那么级数越多，样本的精确程度就越高，声音的质量就越好。

"位深"就是位的数量，之所以称为"位深"而不是"位数"，其原因之一就是为了避免与数学中的"位数"混淆；另一个原因则是因为电脑都是以二进制来记录数字的，如果以256级的精度来录制声音样本，就称记录下来的声音为8位。自然界的声音是非常丰富的，用256级的精度录制声音样本意味着音质损失了很多。普通CD音乐的声音位深是16位，即每个声音样本有65536级，所以CD音乐的声音非常丰富。

表7-2列出了不同声音位深与声音品质的关系。

表7-2 声音位深与声音品质

位深	声音品质	用途
24位	专业录音棚效果	用于制作音频母带
16位	CD效果	高保真声音或音乐
12位	接近CD效果	用于效果好的音乐片段
10位	FM收音机效果	用于音乐片段
8位	演讲等人声可以接受	用于人声或音效

（4）声道

人的耳朵是很灵敏、精良的"装备"，与眼睛一样，它具有立体感，即空间感，能够辨别声音的方向和距离。数字声音为了给人的耳朵提供具有立体感的声音，引入了声道的概念。

声道也就是声音的通道。它把一个声音分解成多个声音通道，再分别进行播放，各个通道的声音在空间进行混合，为耳朵模拟声音的立体效果。

通常所说的立体声，其实就是双声道，即左声道和右声道。现在已经有四声道、五声道，甚至更多的数字声道了。每个声道的信息量几乎是一样的，所以多一个声道，就会多一倍的信息量，声音文件就会大一倍，这对Flash的作品发布很重要。在Flash作品中，通常用单声道就可以了。

2.声音在Flash中的应用

声音是多媒体作品中不可或缺的一种媒介手段。在动画设计中，为了追求丰富的、具有感染力的动画效果，恰当地使用声音是十分必要的。优美的背景音乐、动感的按钮音效以及适当的旁白可以更加贴切地表达作品的深层内涵，使影片的意境表现得更加充分。

下面将向用户介绍声音的类型、导入音频文件的方法以及为按钮和影片导入声音的方法。

（1）了解声音的两种类型

在Flash中，有事件声音和流声音两种类型，下面分别向用户介绍这两种声音的特点及应用。

①事件声音

事件声音在播放之前必须下载完全，它可以持续播放，直到被明确命令停止。也可以播放一个音符作为单击按钮的声音，或把它放在任意想要放置的地方。

在Flash中，关于事件声音需注意以下3点。

✦ 事件声音在播放之前必须完整下载。所以有的动画下载时间很长，可能是因为其声音文件过大而导致的。如果要重复播放声音，不必再次下载。

✦ 事件声音不论动画是否发生变化，都会独立地把声音播放完毕，与动画的运行不发生关系，即使播放另一声音时，它也不会因此停止播放，所以有时会干扰动画的播放质量，不能实现与动画同步播放。

✦ 事件声音不论长短，都只能插入到一帧中。

②流声音

流声音在下载若干帧后，只要数据足够，就可以开始播放，它还可以做到和网络上播放的时间轴同步。在Flash中，关于流声音需要注意以下两点。

✦ 流声音可以边下载边播放，所以不必担心出现因声音文件过大而导致下载过长的现象。因此，可以把流声音与动画中的可视元素同步播放。

✦ 流声音只能在它所在的帧中播放。

（2）为对象导入声音

在Flash动画中可以在适当的时候添加声音，以增强Flash作品的吸引力。Flash CS4支持多种格式的音频文件，如WAV、MP3、ASND、AIF等。

在Flash中，执行"文件" > "导入" > "导入到舞台"命令，直接将音频文件导入到当前所选择的图层中。执行"文件" > "导入" > "导入到库"命令，可以打开"导入到库"对话框，选择音频文件，单击"打开"按钮，将音频文件导入到"库"面板中，并以一个"喇叭"的图标来表示，如图7-11所示。然后在"属性"面板的"声音"栏的"名称"下拉列表中选择音频文件，即可为对象导入声音。

（3）在Flash中编辑声音

Flash提供了编辑声音的功能，可以对导入的声音进行编辑、剪裁和改变音量等操作，还可以使用Flash预置的多种声效对声音进行设置。

对于导入的音频文件，可以通过"声音属性"对话框、"属性"面板和"编辑封套"对话框处理声音效果。

①设置声音属性

在"声音属性"对话框中可以对导入的声音进行属性设置。在Flash中，打开"声音属性"对话框有以下3种方法。

✤ 在"库"面板中选择音频文件，在"喇叭"图标 上双击鼠标左键。

✤ 在"库"面板中选择音频文件，单击鼠标右键，在弹出的快捷菜单中选择"属性"命令。

✤ 在"库"面板中选择音频文件，单击面板底部的"属性"按钮 。

使用以上任意一种方法，都可打开"声音属性"对话框，在该对话框中可以对当前声音的压缩方式进行调整，也可以更换音频文件的名称，还可以查看音频文件的属性等，如图7-12所示。

图7-11 "库"面板图　　　　　图7-12 设置声音属性

②设置声音的重复播放

要使声音在影片中重复播放，可以在"属性"面板"声音"栏中的"声音循环"下拉列表框中控制声音的重复播放。在"声音循环"下拉列表框中有两个选项，如图7-13所示。

在"声音循环"下拉列表框中两个选项的含义分别如下：

✤ 重复：选择该选项，在右侧的文本框中可以设置播放的次数，默认的是播放一次。

✤ 循环：选择该选项，声音可以一直不停地循环播放。

③设置声音的同步方式

同步是指影片和声音的配合方式。在"属性"面板"声音"栏中的"同步"下拉列表框中可以为当前关键帧中的声音进行播放同步的类型设置，并对声音在输出影片中的播放进行控制，如图7-14所示。

在"同步"下拉列表框中各个选项的含义分别如下。

✤ 事件：选择该选项，必须等声音全部下载完毕后才能播放动画。

✤ 开始：若选择的声音实例已在时间轴上的其他地方播放过了，Flash将不会再播放这个实例。

✤ 停止：可以使正在播放的声音文件停止。

✤ 数据流：将使动画与声音同步，以便在Web站点上播放。Flash强制动画和音频流同步，将声音完全附加到动画上。

图7-13 声音的重复（循环）播放　　图7-14 声音的同步方式

④设置声音的效果

同一种声音可以做出多种效果，在"效果"下拉列表框中进行选择可以让声音发生变化，还可以让左右声道产生各种不同的变化。"属性"面板"声音"栏中的"效果"下拉列表框中提供了多种播放声音的效果选项，如图7-15所示。

在"效果"下拉列表框中各个选项的含义分别如下。

❖ 无：不使用任何效果。

❖ 左声道：只在左声道播放音频。

❖ 右声道：只在右声道播放音频。

❖ 向右淡出：声音从左声道传到右声道。

❖ 向左淡出：声音从右声道传到左声道。

❖ 淡入：表示逐渐增大声强。

❖ 淡出：表示逐渐减小声强。

❖ 自定义：自己创建声音效果，并可利用音频编辑对话框编辑音频。

在"编辑封套"对话框（图7-16）中，分为上、下两个编辑区，上方代表左声道波形编辑区，下方代表右声道波形编辑区，在每一个编辑区的上方都有一条左侧带有小方块的控制线，可以通过控制线调整声音的大小、淡出和淡入等。

在"编辑封套"对话框中，各选项的含义如下。

❖ 效果：在该下拉列表框中用户可以设置声音的播放效果。

❖ 播放声音：单击该按钮，可以播放编辑后的声音。

❖ 放大和缩小：单击这两个按钮，可以使声音波形显示窗口内的声音波形在水平方向放大或缩小。

❖ 帧：单击该按钮，可以使声音波编辑窗口内水平轴变换为帧数。

❖ 灰色控制条：拖动上、下声音波形之间刻度栏内的左、右两个灰色控制条，可以截取声音片段。

图7-15 设置声音的效果　　　　图7-16 "编辑封套"对话框

3.Flash中声音的优化与输出

为了减小动画文件，通常要对声音文件进行优化与压缩，然后再设置导出声音。采样比例和压缩程度会影响到导出的SWF文件中声音的品质和大小，所以就应当通过对声音优化来调节声音品质和文件大小达到最佳平衡。

（1）优化声音

当声音较长时，生成的动画文件就会很大，需要在导出动画时压缩声音，获得较小的动画文件，便于在网上发布。

在"声音属性"对话框的"压缩"下拉列表框中包含"默认"、"ADPCM"、"MP3"、"原始"和"语音"5个选项，下面将分别对其进行介绍。

①默认

选择"默认"压缩方式，将使用"发布设置"对话框中的默认声音压缩设置。

②ADPCM

ADPCM压缩适用于较短事件声音的压缩。选择该选项后，会在"压缩"下拉列表框的下方出现有关ADPCM压缩的设置选项，如图7-17所示。

设置"压缩"类型为"ADPCM"方式后，对话框中主要选项的含义如下。

❖ 预处理：选中"将立体声转换成单声道"复选框，会将混合立体声转换为单声道，原始声音为单声道则不受此选项影响。

❖ 采样率：采样率的大小关系到音频文件的大小，适当调整采样率既能增强音频效果，又能减少文件的大小。

❖ ADPCM位：可以从下拉列表框中选择2～5位的选项，据此可以调整文件的大小。

③MP3

MP3压缩一般用于压缩较长的流式声音。选择该选项，会在"压缩"下拉列表框的下方出现与有关MP3压缩的设置选项，如图7-18所示。

设置"压缩"类型为"MP3"方式后，对话框中主要选项的含义如下。

❖ 比特率：在其下拉列表框中选择一个适当的传输速率，调整音乐的效果，比特率的范围为8～160kbit/s。

❖ 品质：可以根据压缩文件的需求，进行适当的选择。在该下拉列表框中包含"快速"、"中"和"最佳"3个选项。

图7-17 ADPCM压缩

图7-18 MP3压缩

④原始

选择"原始"选项，在导出动画时则不会压缩声音。选择该选项后，会在"压缩"下拉列表框的下方出现与有关原始压缩的设置选项，如图7-19所示。

设置"压缩"类型为"原始"方式后，只需要设置采样率和预处理，具体设置与ADPCM压缩设置相同。

⑤语音

"语音"选项使用一种特别适合于语音的压缩算法导出声音，选择该选项后，会在"压缩"下拉列表框的下方出现与有关语音压缩的设置选项，如图7-20所示。

图7-19 "原始"选项　　　　　　　　图7-20 "语音"选项

（2）输出声音

音频的采样率、压缩率对输出动画的声音质量和文件大小起决定性作用。要得到更好的声音质量，必须对动画声音进行多次编辑。压缩率越大，采样率越低，文件的体积就会越小，但是质量也更差，用户可以根据实际需要对其进行更改。

4.在Flash中导入视频

在Flash CS4中可以用导入的形式使用其他软件制作的矢量图形和位图，也可以导入视频。有了这个强大的功能支持，动画制作的素材来源将更广阔，内容和形式将更丰富。

将视频导入为嵌入文件时，可以在导入之前编辑视频。也可以应用自定义压缩设置，包括带宽或品质设置以及颜色纠正、裁切或其他选项的高级设置。在"视频导入"向导中可以选择编辑和编码选项。导入视频剪辑后将无法对它进行编辑。

（1）可导入的视频格式

Flash CS4是一种功能非常强大的工具，可以将视频镜头融入基于Web的演示文稿。FLV和F4V(H.264)视频格式具备技术和创意优势，允许将视频、数据、图形、声音和交互式控制融为一体。FLV或F4V视频使您可以轻松地将视频以几乎任何人都可以查看的格式放在网页上。

若要将视频导入到Flash中，必须使用以FLV或H.264格式编码的视频。执行"文件">"导入">"导入视频"命令，打开视频导入向导窗口，检查用户选择导入的视频文件；如果视频不是Flash可以播放的格式，就会提醒用户。如果视频不是FLV或F4V格式，就可以使用Adobe Media Encoder以适当的格式对视频进行编码。

（2）导入视频文件

在Flash CS4中，可以将现有的视频文件导入到当前文档中，通过指导用户完成选择现有视频文件的过程，并导入该文件以供在三个不同的视频回放方案中使用，视频导入向导简化了将视频导入到Flash文档中的操作。视频导入向导为所选的导入和回放方法提供了基本级别的配置，之后用户可以进行修改，以满足特定的要求。

"视频导入"对话框提供了3个视频导入选项，分别是"使用回放组件加载外部视频"、"在SWF中嵌入FLV或F4V并在时间轴中播放"和"作为捆绑在SWF中的移动设备视频导入"，各选项的含义分别如下。

使用回放组件加载外部视频：导入视频并创建FLVPlayback组件的实例以控制视频回放。可以将Flash文档作为SWF发布，将其上传到Web服务器时，还必须将视频文件上传到Web服务器或Flash Media Server，并按照已上传视频文件的位置配置FLVPlayback组件。

在SWF中嵌入FLV或F4V并在时间轴中播放：将FLV或F4V嵌入到Flash文档中。这样导入视频时，该视频放置于时间轴中可以看到时间轴帧所表示的各个视频帧的位置。嵌入的FLV或F4V视频文件成为Flash文档的一部分。

作为捆绑在SWF中的移动设备视频导入：与在Flash文档中嵌入视频类似，将视频绑定到Flash Lite文档中以部署到移动设备。

（3）处理导入的视频文件

选择舞台上嵌入或链接的视频剪辑后，在"属性"面板中就可以查看视频符号的名称、在舞台上的像素尺寸和位置。使用"属性"面板可以为视频剪辑指定一个新的名称，也可以使用当前影片中的其他视频剪辑替换被选视频。

7.6 能力拓展

7.6.1 触类旁通——制作MV

01 新建文档并设置其文档属性，宽为500像素，高为320像素，背景颜色为白色，如图7-21所示。将"第7章\MV的制作\蜗牛与黄鹂鸟.mp3"导入到库。然后将"图层1"命名为"声音"，选择第1帧并添加声音"蜗牛与黄鹂鸟.mp3"，选择第504帧并插入帧，如图7-22所示。

图7-21 设置文档属性

图7-22 添加声音

02 新建图层"框"，放置于"声音"层下，绘制图形并填充颜色，如图7-23所示。新建图层"按钮"，放置于"框"层下，输入文字，添加滤镜并转换为按钮元件"play"，如图7-24所示。

03 编辑"play"，选择第2帧并插入关键帧，绘制图形并转换为影片剪辑元件"蜗牛"，如图7-25所示。

04 返回主场景，新建图层"片头"，放置于"按钮"层下，选择第2帧并插入关键帧，绘制图形并转换为影片剪辑元件"教室"，如图7-26所示。

图7-23 绘制图形

图7-24 制作文本、转换为元件

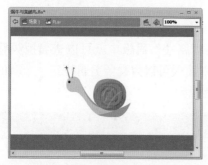

图7-25 影片剪辑元件"蜗牛"

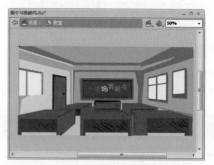

图7-26 影片剪辑元件"教室"

05 选择"片头"层第2帧，调整元件位置，选择第6帧、第9帧、第23帧、第37帧、第49帧并插入关键帧分别移动、放大、移动，在第2～6帧、第9～23帧、第37～49帧间创建传统补间动画，如图7-27所示。选择第53帧并插入空白关键帧，绘制图形并转换为影片剪辑元件"窗户"，如图7-28所示。

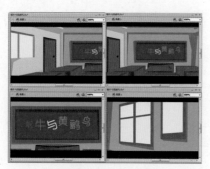

图7-27 调整元件位置

图7-28 影片剪辑元件"窗户"

06 编辑"窗户"，新建图层"树"，放置于"图层1"下，绘制树转换为影片剪辑元件"树"并添加模糊滤镜，如图7-29所示。

07 返回主场景，选择"片头"层第61帧、第71帧并插入关键帧，选择第71帧并将元件Alpha值设置为20%，在第61～71帧间创建传统补间动画，如图7-30所示。

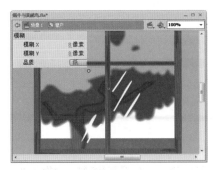
图7-29 影片剪辑元件"树"

图7-30 设置Alpha值

08 选择"片头"层第72帧并插入空白关键帧，新建图层"树"，选择第61帧并插入关键帧，将"树"拖至舞台，如图7-31所示。选择第71帧、第81帧、第96帧并插入关键帧，选择61帧元件Alpha值为0，71帧Alpha值为100%，在61～71帧间创建传统补间动画，如图7-32所示。

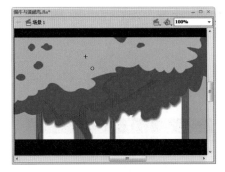
图7-31 拖入元件"树"

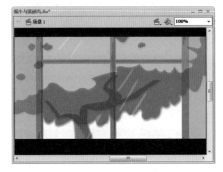
图7-32 设置Alpha值

09 选择"树"层第96帧并将元件缩小，在第71～96帧间创建传统补间动画，如图7-33所示。

10 新建影片剪辑元件"葡萄众"，绘制葡萄，并转换为影片剪辑元件"葡萄"，排列成串，设置"葡萄"Alpha值为60%，如图7-34所示。

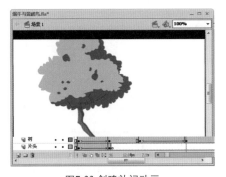
图7-33 创建补间动画

图7-34 新建影片剪辑元件

11 编辑"葡萄众"，选择第3帧并插入关键帧，设置"葡萄"Alpha值为30%，返回主场景新建图层"附加"，选择第103帧并插入关键帧，将"葡萄众"拖至舞台，如图7-35所示。选择第119帧并插入关键帧，删除"葡萄众"，绘制"苗"并转换为影片剪辑元件

"苗"，如图7-36所示。

图7-35 编辑、拖入"葡萄众"

图7-36 制作影片剪辑"苗"

⑫ 在"附加"层第119～141帧间制作苗出现笑脸的动作，如图7-37所示。选择第150帧并插入关键帧，绘制腮红，如图7-38所示。

图7-37 制作笑脸动作

图7-38 绘制腮红

⑬ 选择"树"、"附加"层第157帧并插入空白关键帧，选择"附加"层第157帧绘制图形并转换为影片剪辑元件"壳"，如图7-39所示，选择第171帧、第182帧并插入关键帧，制作缩小、下移的动作，在第157～171帧、第171～182帧间创建传统补间动画，如图7-40所示。

图7-39 绘制图形、转换元件

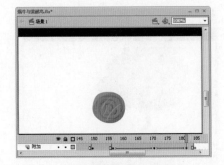

图7-40 创建传统补间动画

⑭ 新建图层"蜗牛"，放置于"附加"层下，选择第182帧并插入关键帧，绘制图形，如图7-41所示。选择第185帧，将壳剪切到此帧，并转换为影片剪辑元件"蜗牛"，选择第195帧、第205帧并插入关键帧，制作旋转、上移的动作，在第185～195帧、第195～205帧间创建传统补间动画，如图7-42所示。

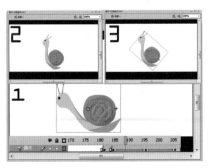

图7-41 绘制图形　　　　　　　　　　图7-42 制作旋转、上移动作

⑮ 选择"附加"层第185帧并插入空白关键帧。编辑"蜗牛",选择第4帧并插入关键帧,将身体拉长,如图7-43所示。选择"树"层第191帧并插入关键帧,将"树"拖至舞台,如图7-44所示。

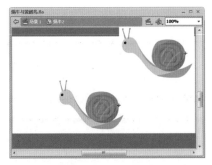

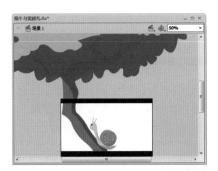

图7-43 拉长蜗牛身体　　　　　　　　图7-44 拖入"树"元件

⑯ 选择"蜗牛"层第199帧并插入关键帧,在第199～218帧间制作元件晃动的动作,如图7-45所示。选择第221帧、第232帧并插入关键帧,选择第232帧并将元件上移,在第221～232帧间创建传统补间动画,如图7-46所示。

图7-45 制作晃动动作　　　　　　　　图7-46 创建传统补间动画

⑰ 选择"树"、"蜗牛"层第238帧、第248帧插入关键帧,选择第248帧并将元件上移,在第238～248帧间创建传统补间动画,如图7-47所示。

⑱ 新建图层"鸟",放置于"附加"层下,选择第245帧并插入关键帧,绘制图形并转换为影片剪辑元件"鸟",如图7-48所示。

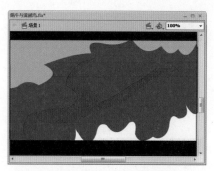
图7-47 移动元件、创建编辑

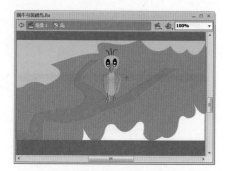
图7-48 影片剪辑元件"鸟"

⑲ 选择"鸟"层第248帧并插入关键帧，选择第245帧并将元件上移，在第245～248帧间创建传统补间动画，如图7-49所示。选择第249帧、第254帧、第257帧、第262帧、第265帧、第268帧插入关键帧，在第250～254帧、第254～257帧、第262～256帧、第256～268帧间创建传统补间动画，制作歪身、跳动动作，如图7-50所示。

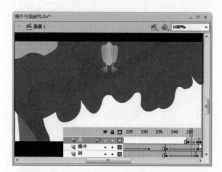
图7-49 移动元件、创建补间

图7-50 制作歪身、跳动动作

⑳ 选择"蜗牛"层第249帧并插入空白关键帧，选择"附加"层第249帧并插入关键帧，选择第270帧并将"鸟"拖至舞台，如图7-51所示。选择"鸟"、"附加"层第272帧并插入关键帧，在第272～280帧间制作两鸟跳动的动作，如图7-52所示。

图7-51 拖入元件"鸟"

图7-52 制作两鸟跳动动作

㉑ 选择"附加"层第281帧并插入空白关键帧，选择"鸟"层第281帧并插入关键帧，将"附加"层第280帧的鸟复制到此帧，将两鸟转换为影片剪辑元件"鸟2"，如图7-53所示。在第281～290帧间创建补间动画，制作两鸟晃动的动作，如图7-54所示。

图7-53 影片剪辑元件"鸟2"

图7-54 制作两鸟晃动的动作

22 选择"鸟"层第291～296帧并插入关键帧，制作两鸟跳动的动画，如图7-55所示。选择"鸟"层第309帧并插入空白关键帧，选择"附加"、"树"层第390帧并插入关键帧，绘制图形或拖曳元件至舞台，如图7-56所示。

图7-55 制作两鸟跳动动画

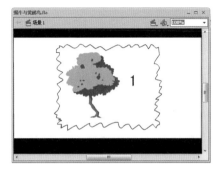

图7-56 绘制图形、拖入元件

23 选择"附加"层的边框并转换为影片剪辑元件"框"，选择数字并转换为影片剪辑元件"数字"，如图7-57所示。编辑"框"，选择第2帧插入关键帧，绘制一条不同曲线的线条，如图7-58所示。

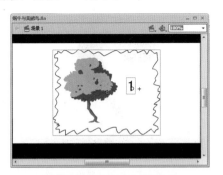

图7-57 影片剪辑元件"数字"

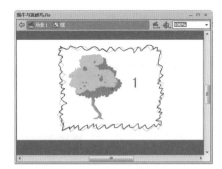

图7-58 绘制线条

24 编辑"数字"，选择在第1～25帧插入关键帧，制作由慢到快再到慢的数字变化，如图7-59所示。新建"图层2"，选择第7帧并插入关键帧，绘制线条并转换为"刷"，如图7-60所示。选择第17帧并插入空白关键帧。

图7-59 制作数字变化

图7-60 绘制线条

25 编辑"刷",选择第2帧并插入关键帧,线条下移,如图7-61所示。

26 返回主场景,选择"树"、"附加"层第335帧并插入关键帧,将数字删除,然后输入其他文字,选择"树"层第335帧,将"葡萄众"拖至舞台,如图7-62所示。

图7-61 线条下移

图7-62 拖入元件

27 选择"树"层第347帧并插入空白关键帧,选择"附加"层第347帧并插入关键帧,绘制图形,选择第348~351帧插入关键帧,制作问号依次递增动作,如图7-63所示。选择第355帧并插入关键帧,绘制图形并转换为影片剪辑元件"?",如图7-64所示。

图7-63 制作问号依次递增动作

图7-64 绘制图形、转换为元件

28 选择"附加"层第365帧并插入关键帧,变换元件,在第355~365帧间创建传统补间动画,如图7-65所示。选择第368帧并插入空白关键帧。选择"树"、"蜗牛"层第368帧并插入关键帧,将元件拖至舞台,如图7-66所示。

29 选择"蜗牛"层第380帧并插入关键帧,将元件上移,在第368~380帧间创建传统补间动画,如图7-67所示。选择第388帧并插入关键帧,在第388~416帧间制作蜗牛跳动的动作，如图7-68所示。

图7-65 创建补间动画

图7-66 拖入元件

图7-67 创建传统补间动画

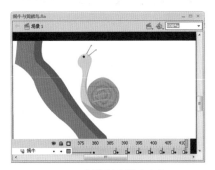

图7-68 制作蜗牛跳动动作

30 选择"树"、"蜗牛"、"附加"层第418帧插入关键帧，拖曳元件至舞台，如图7-69所示。选择"蜗牛"层第423帧并插入关键帧，在第423～440帧间制作蜗牛上树的动作，如图7-70所示。

图7-69 拖入元件

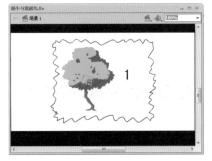

图7-70 制作蜗牛上树的动作

31 选择"树"、"附加"层第444帧并插入关键帧，删除"数字"输入文字，将"葡萄众"拖至舞台，如图7-71所示。选择"树"、"蜗牛"、"附加"层第458帧并插入关键帧，绘制图形或将元件拖至舞台，如图7-72所示。

32 选择"附加"层第460帧并插入关键帧，将心形缩小，复制此帧到464帧，复制458帧到461帧，制作心缩放的动作，如图7-73所示。选择第466帧并插入空白关键帧。选择"树"、"蜗牛"、"附加"层第466帧并插入关键帧，选择"鸟"层并拖曳元件至舞台，如图7-74所示。

图7-71 输入文字

图7-72 拖入元件

图7-73 制作心缩放动作

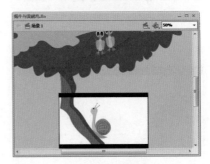

图7-74 拖入元件

㉝ 选择"树"、"蜗牛"、"鸟"层第478帧插入关键帧，缩小元件，在第466～478帧间创建传统补间动画，如图7-75所示。选择"片头"层第481帧并插入关键帧，输入文字并添加滤镜，如图7-76所示。

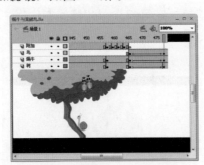

图7-75 缩小元件、创建补间

图7-76 输入文字、添加滤镜

㉞ 选择"按钮"层第504帧并插入关键帧，输入文字并转换为按钮元件"replay"，如图7-77所示。编辑"replay"，选择第2帧并插入关键帧，变换颜色，如图7-78所示。

图7-77 输入文字

图7-78 变化颜色

㉟ 新建图层"歌词"，根据音乐输入文字，如图7-79所示。为按钮添加相应控制脚本，如
图7-80所示。

图7-79 输入文字

图7-80 添加脚本

㊱ 新建图层"AS"，选择第504帧并插入关键帧，在第1帧、第504帧添加脚本，如图7-81
所示。按"Ctrl+Enter"组合键测试影片，如图7-82所示。

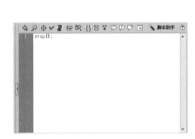

图7-81 添加脚本

图7-82 测试动画

7.6.2 商业应用

Flash动画之所以酷、炫，一个主要原因就是其具有声效特性，并且用户在观看时还
可以进行有效控制。例如，常见到的Flash小游戏、Flash短片、Flash MV以及一些按钮特
效等。若一个Flash作品不具有声效功能，则可以毫不客气地说"该动画是不完整的"。图
7-83所示为植物大战僵尸游戏。图7-84所示为三个和尚挑水的故事短片。这两个动画作品
中都包含了特定的声音元素。

图7-83 动画游戏

图7-84 动画短片

7.7　本章小结

通过本章的学习，读者了解了有关声音的相关知识，如声音的格式与类型，掌握了声音在Flash中的应用、声音的优化与输出等。本章通过电视播放效果与MV的制作，向读者介绍了音频与视频动画的制作，使动画效果更加丰富。

7.8　认证必备知识

单项选择题

（1）声音的采样率就是采集声音样本的频率，即在_____的声音中采集了多少样本。

A.一秒钟 　　　　　　　　　B.三秒钟

C.四秒钟 　　　　　　　　　D.一分钟

（2）可以将_____格式的视频剪辑直接导入到Flash中。

A.FLV 　　　　　　　　　　B.AVI

C.MOV 　　　　　　　　　　D.MPEG

多项选择题

（1）Flash CS4支持多种格式的音频文件，包括_____。

A.WAV 　　　　　　　　　　B.MP3

C.ASND 　　　　　　　　　　D.AIF

（2）除了在采样率和压缩比方面找到最佳契合点之外，_____也可以更有效地使用音效而使文件保持较小。

A.更精确地设置声音的开始时间点和结束时间点，使无声区域不被保存

B.尽量多地使用相同的声音文件

C.使用循环的方法可提取声音的主要部分并重复播放

D.不要设置流式声音的循环

判断题

（1）和使用元件一样，创建多个视频对象实例并不会增加Flash文件的大小。_____

（2）流式声音在播放之前必须下载完全，它可以持续播放，直到被明确命令停止。

第8章 ActionScript特效动画设计

8.1 任务题目

通过鼠标特效的制作，掌握动作脚本语言ActionScript的应用，包括ActionScript的语法规则、基本语句等。

8.2 任务导入

Flash中提供了动作脚本语言ActionScript，通过其中相应语句的调用来实现一些特殊的功能。Flash中控制动画的播放和停止、指定鼠标动作、实现网页的链接、制作精彩游戏以及创建交互的网页等操作都可以用这些语言来实现。ActionScript已经成为Flash中不可缺少的重要组成部分，是Flash强大交互功能的核心。

8.3 任务分析

1．目的

了解ActionScript的功能，熟悉ActionScript 3.0的特点，掌握"动作"面板的使用方法、ActionScript的编程环境和语法规则等，并能够熟练应用ActionScript的交互操作。

2．重点

（1）掌握ActionScript的语法规则。

（2）掌握ActionScript的基本语句。

（3）熟练应用ActionScript的交互操作。

3．难点

（1）对ActionScript基本语法的掌握。

（2）各种效果实现所需动作脚本的添加。

8.4 技能目标

（1）掌握ActionScript的应用。

（2）能够学以致用地制作交互式动画，实现一些特殊功能。

8.5 任务讲析

8.5.1 实例演练——制作滑落的水珠效果

01 新建一个Flash文档，将"第8章\滑落的水珠效果\image.jpg"素材导入到库中。新建图形元件shape1并绘制一个椭圆，如图8-1所示。

02 新建图层2，然后绘制光圈效果，如图8-2所示。

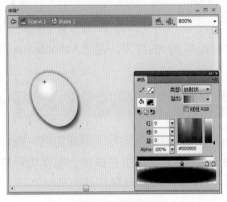

图8-1 绘制图形

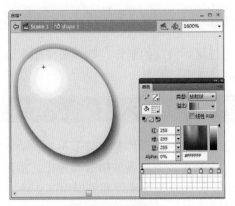

图8-2 绘制光圈效果

03 新建按钮元件button，在第4帧处插入关键帧，绘制一个圆形，并将其转换为图形元件shape2，如图8-3所示。

04 新建影片剪辑sprite，将元件shape1拖至编辑区域，然后制作水珠坠落效果，如图8-4所示。

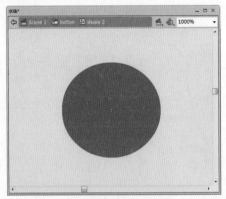

图8-3 图形元件shape2

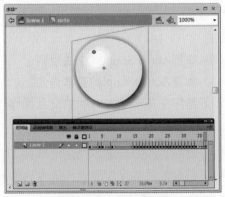

图8-4 制作水珠坠落效果

05 新建图层2，将button拖至合适位置。在第16帧处插入普通帧。在button动作面板中添加适当的脚本，如图8-5所示。

06 新建图层3，在第17帧处插入空白关键帧。选择第1帧、第17帧，分别将其标签设为start、over，如图8-6所示。

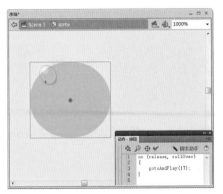

图8-5 添加脚本   图8-6 设置实例标签名称

07 新建图层4，分别在第16帧、第17帧处插入空白关键帧。在第16帧处输入脚本stop();。第17帧处也输入相应的脚本，如图8-7所示。

08 返回主场景。新建图层2，依次将图片Image和元件sprite拖至编辑区域。在第4帧处插入普通帧，如图8-8所示。

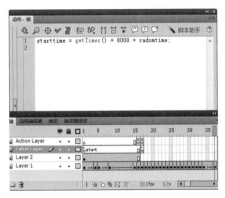

图8-7 添加动作脚本   图8-8 拖入元件

09 选择元件sprite。将其实例名称设为bol。打开"动作"面板，从中添加相应的控制脚本，如图8-9所示。

10 新建图层3，复制图层2的第1～4帧并粘贴至图层3。将元件sprite移至舞台最上方，如图8-10所示。

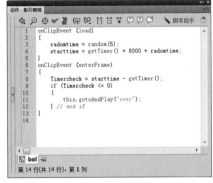

图8-9 设置实例名称、添加脚本   图8-10 复制、粘贴帧

⑪ 新建图层4。选择第1帧并输入脚本i = 1;。在第2帧、第4帧处插入空白关键帧，并分别在其动作面板中添加相应的脚本，如图8-11所示。

⑫ 按"Ctrl+S"组合键，以"滑落的水珠效果"为名称保存文件。按"Ctrl+Enter"组合键对该动画进行测试，如图8-12所示。

图8-11 添加动作脚本

图8-12 测试动画

8.5.2 基础知识解析

1．ActionScript 3.0的特点

ActionScript语句是Flash提供的一种动作脚本语言，它使Flash具备了强大的交互功能，提高了动画与用户之间的交互性，并使用户对动画的控制得到加强。通过对其中相应语句的调用，使Flash能实现一些特殊的功能，如网页的链接、鼠标动作的指定、动画中音效发热控制、控制动画的播放和停止、游戏的键位控制等。ActionScript是在Flash影片中实现互动的重要组成部分，也是Flash优越于其他动画制作软件的主要因素。

ActionScript 3.0提供了可靠的编程模型，具备面向对象编程的基本知识的开发人员对此模型会感到似曾相识。ActionScript 3.0相对于早期ActionScript版本改进的一些重要功能包括以下几项。

✤ 一个新增的ActionScript虚拟机，称为AVM2，它使用全新的字节代码指令集，可使性能显著提高。

✤ 一个更为先进的编译器代码库，可执行比早期编译器版本更深入的优化。

✤ 一个扩展并改进的应用程序编程接口（API），拥有对对象的低级控制和真正意义上的面向对象的模型。

✤ 一个基于ECMAScript for XML（E4X）规范（ECMA-357第2版）的XML API。E4X是ECMAScript的一种语言扩展，它将XML添加为语言的本机数据类型。

✤ 一个基于文档对象模型（DOM）第3级事件规范的事件模型。

2．"动作"面板

在Flash中，如果要使用动画中的关键帧、按钮、动画片段等具有交互性的特殊效果，就必须为其添加相应的脚本语言。这里的脚本语言是指实现某一具体功能的命令语句或实现一系列功能的命令语句组合。在Flash中，脚本语言是通过"动作"面板实现的。

（1）"动作"面板的组成

执行"窗口">"动作"命令或按"F9"键，均可打开"动作"面板，如图8-13所示。

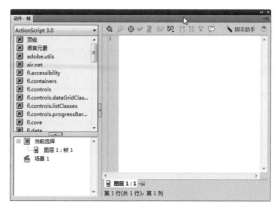

图8-13 "动作-帧"面板

"动作"面板由3个部分组成，分别是动作工具箱、脚本导航器和脚本窗口。其功能分别如下。

✤ 动作工具箱：位于"动作"面板左侧上方，可以按照下拉列表中所选的不同ActionScript版本类别显示不同的脚本命令，如图8-14所示。

图8-14 脚本命令

✤ 脚本导航器：位于"动作"面板的左下方，其中列出了当前选中对象的具体信息，如名称、位置等。通过脚本导航器可以快速地在Flash文档中的脚本间导航，如图8-15所示。

✤ 脚本窗口：可以创建导入应用程序的外部脚本文件。脚本可以是ActionScript、Flash Communication或Flash JavaScript文件，如图8-16所示。

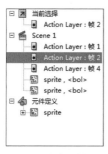

图8-15 脚本导航器

图8-16 脚本窗口

（2）"动作"面板中的工具

在脚本窗口上方可以看到面板上方的一排按钮工具，这些按钮在输入脚本语句之后会被激活，各按钮的功能分别如下。

❖ "将新项目添加到脚本中"按钮：单击该按钮，在弹出的菜单中显示需要添加的脚本命令，如图8-17所示，选择相应的命令，即可将脚本添加到脚本窗口中。

❖ "查找"按钮：单击该按钮，打开"查找和替换"对话框，如图8-18所示，可以查找或替换脚本中的文本或者字符串。

图8-17 脚本命令   图8-18 "查找和替换"对话框

❖ "插入目标路径"按钮：单击该按钮，打开"插入目标路径"对话框，如图8-19所示，为脚本中的某个动作设置绝对或相对路径。

❖ "语法检查"按钮：单击该按钮，检查当前脚本中的语法错误。如果出现错误，就将自动打开"编译器错误"面板，在该面板中显示错误报告。

❖ "自动套用格式"按钮：单击该按钮，可以设置脚本为实现编码语法的正确性和可读性，在"首选参数"对话框中设置自动套用格式首选参数。

❖ "显示代码提示"按钮：单击该按钮，用于显示或者关闭自动代码提示，显示正在处理的代码提示，如图8-20所示。

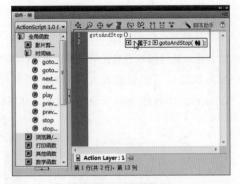

图8-19 "插入目标路径"对话框   图8-20 显示代码提示

❖ "调试选项"按钮：单击该按钮，即可在打开的下拉菜单中设置或删除断点，如图8-21所示，以便在调试时可以逐行执行脚本中的每一行。调试选项只适用于ActionScript文件，Flash Communication或Flash JavaScript文件不能使用此选项。

❖ "折叠成对大括号"按钮：单击该按钮，可以对出现在当前包含插入点的成对大括号或小括号间的代码进行折叠。

❖ "脚本助手"按钮 **脚本助手**：单击该按钮，将在"动作"面板中打开脚本助手模式，如图8-22所示，在脚本助手模式下创建脚本所需的元素。

图8-21 调试选项

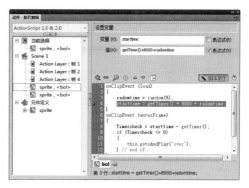

图8-22 脚本助手

（3）在"动作"面板添加脚本

使用"动作"面板可以创建和编辑对象或帧的ActionScript代码。选择帧、按钮或影片剪辑实例可以激活"动作"面板。根据选择的内容，"动作"面板标题也会变为"按钮动作"、"影片剪辑动作"或"帧动作"，下面分别介绍添加脚本的方法。

①动作-帧

为帧添加的动作脚本只有在影片播放到该帧时才被执行。如果在第15帧处通过Action-Script脚本程序设置动作，那么要等到影片播放到15帧时才会响应该动作。因此，这种动作必须在特定的时间执行，与播放时间或影片内容有极大的关系。在为帧添加脚本时，"动作"面板的标题栏显示"动作-帧"文字，如图8-23所示。

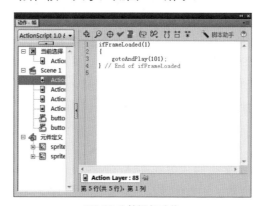

图8-23 为帧添加动作

②动作-影片剪辑

为影片剪辑添加脚本通常是在播放该影片剪辑时，ActionScript才会被响应。影片剪辑的不同实例也可以有不同的动作。为影片剪辑添加脚本，"动作"面板的标题栏显示"动作-影片剪辑"文字，如图8-24所示。

③动作-按钮

为按钮添加脚本只有在触发按钮（如经过按钮、按下按钮、释放按钮）时才会执行。

可以将多个按钮组成按钮式菜单，菜单中的每个按钮实例都有自己的动作，即使是同一元件的不同实例也不会互相影响。为按钮添加脚本，"动作"面板的标题栏显示"动作-按钮"文字，如图8-25所示。

图8-24 为影片剪辑添加脚本

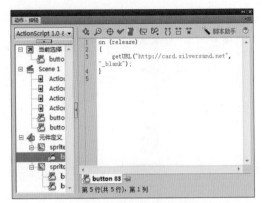

图8-25 为按钮添加脚本

3. ActionScript的语法基础

ActionScript 3.0既包含 ActionScript核心语言，又包含Adobe Flash Player应用程序编程接口（API）。核心语言是定义语言语法以及顶级数据类型的 ActionScript部分。ActionScript 3.0提供对Flash Player的编程访问。

下面将简要介绍ActionScript核心语言及其语法，让用户能够对如何处理数据类型和变量、如何使用正确的语法以及如何控制程序中的数据流等方面有一个基本的了解。

（1）对象和类

对象是ActionScript 3.0语言的核心，也是ActionScript 3.0语言的基本构造块。可将类视为某一类对象的模板或蓝图。类定义中可以包括变量和常量以及方法，前者用于保存数据值，后者是封装绑定到类的行为的函数。存储在属性中的值可以是基元值，也可以是其他对象。基元值是指数字、字符串或布尔值。

ActionScript中包含许多属于核心语言的内置类。其中的某些内置类（如Number、Boolean和String）表示ActionScript中可用的基元值。其他类（如Array、Math和XML）定义更加复杂的对象。

在ActionScript 3.0中，每个对象都是由类定义的。所有的类（无论是内置类还是用户定义的类）都是从Object类派生的。以前在 ActionScript 方面有经验的程序员一定会注意到，Object数据类型不再是默认的数据类型，尽管其他所有类仍从它派生。

在Flash CS4中，可以使用class关键字来定义自己的类。在方法声明中，可通过以下3种方法来声明类属性（property）。

　　✧ 用const关键字定义常量。

　　✧ 用var关键字定义变量。

　　✧ 用get和set属性(attribute)定义getter和setter属性(property)。

可使用new运算符来创建类的实例。下面的示例创建Date类的一个名为myBirthday的实例。

var myBirthday:Date = new Date();

（2）变量

变量可用来存储程序中使用的值。要声明变量，必须将var语句和变量名结合使用。在ActionScript 2.0中，只有当用户使用类型注释时，才需要使用var语句。在 ActionScript 3.0中，var语句不能省略使用。例如，要声明一个名为"x"的变量，ActionScript代码的格式为

var x;

如果在声明变量时省略了 var 语句，那么在严格模式下会出现编译器错误，在标准模式下会出现运行时错误。如果以前未定义变量x，那么下面的代码行将产生错误：

x; // error if y was not previously defined

要将变量与一个数据类型相关联，就必须在声明变量时进行此操作。在声明变量时不指定变量的类型是合法的，但这在严格模式下会产生编译器警告。可通过在变量名后面追加一个后跟变量类型的冒号(:)来指定变量类型。例如，下面的代码声明一个int类型的变量y：

var y:int;

可以使用赋值运算符 (=) 为变量赋值。例如，下面的代码声明一个变量y并将值20赋给它：

var y:int;

y = 20;

用户可能会发现在声明变量的同时为变量赋值更加方便，如下面的示例所示：

var i:int = 20;

通常，在声明变量的同时为变量赋值的方法不但在赋予基元值（如整数和字符串）时很常用，而且在创建数组或实例化类的实例时也很常用。下面的示例显示了一个使用一行代码声明和赋值的数组。

var numArray:Array = ["zero", "one", "two"];

可以使用new运算符来创建类的实例。下面的示例创建一个名为CustomClass的实例，并向名为customItem的变量赋予对该实例的引用：

var customItem:CustomClass = new CustomClass();

要声明多个变量，可以使用逗号运算符(,)来分隔变量，从而在一行代码中声明所有这些变量。例如，下面的一行代码声明了3个变量：

var a:int, b:int, c:int;

也可以在同一行代码中为其中的每个变量赋值。例如，下面的代码声明了3个变量（a、b和c）并为每个变量赋值：

var a:int = 1, b:int = 2, c:int = 3;

（3）运算符

运算符是一种特殊的函数，它们具有一个或多个操作数并返回相应的值。操作数是运算符用作输入的值（通常为字面值、变量或表达式）。例如，在下面的代码中，将加法运算符(+)和乘法运算符(*)与三个字面值操作数（2、3和4）结合使用来返回一个值。赋值运算符(=)随后使用此值将返回值14赋给变量sumNumber。

var sumNumber:uint = 2 + 3 * 4; // uint = 14

运算符可以是一元、二元或三元的。一元运算符采用1个操作数，如递增运算符(++)就是一元运算符，因为它只有一个操作数。二元运算符采用2个操作数，如除法运算符(/)有2个操作数。三元运算符采用3个操作数，如条件运算符(?:)采用3个操作数。

有些运算符是重载的，这意味着其行为因传递给它们的操作数的类型或数量而异。例如，加法运算符(+)就是一个重载运算符，其行为因操作数的数据类型而异。若两个操作数都是数字，则加法运算符会返回这些值的和。若两个操作数都是字符串，则加法运算符会返回这两个操作数连接后的结果。下面的示例代码说明运算符的行为如何因操作数而异：

```
trace(5 + 6); // 11
trace("5" + "6"); // 56
```

运算符的行为还可能因所提供的操作数的数量而异。减法运算符(–)既是一元运算符又是二元运算符。对于减法运算符，若只提供一个操作数，则该运算符会对操作数求反并返回结果；若提供两个操作数，则减法运算符返回这两个操作数的差。下面的示例说明首先将减法运算符用作一元运算符，然后再将其用作二元运算符。

```
trace(–3); // –3
trace(7 – 2); // 5
```

（4）条件语句

ActionScript 3.0提供了三个可用来控制程序流的基本条件语句，分别是if...else、if...else if和switch。下面分别介绍这3种条件控制语句的特点和应用。

①if...else

使用if...else条件语句可以测试一个条件，如果该条件存在，就执行一个代码块；如果该条件不存在，就执行替代代码块。下面的代码测试 x 的值是否超过10，如果是，就生成一个trace()函数；如果不是，就生成另一个trace()函数：

```
if (x > 10)
{
    trace("x is > 10");
}
else
{
    trace("x is <= 10");
}
```

如果不想执行替代代码块，那么可以仅使用if语句，而不用else语句。

②if...else if

可以使用if...else if条件语句测试多个条件。例如，下面的代码不仅测试x的值是否超过20，还测试x的值是否为负数：

```
if (x > 20)
{
    trace("x is > 20");
}
```

```
else if (x < 0)
{
    trace("x is negative");
}
```

若if或else语句后面只有一条语句，则无须用大括号括起该语句。例如，下面的代码就不需要使用大括号：

```
if (x > 0)
    trace("x is positive");
else if (x < 0)
    trace("x is negative");
else
    trace("x is 0");
```

但是，Adobe建议用户始终使用大括号，因为以后在缺少大括号的条件语句中添加语句时可能会出现意外的行为。例如，在下面的代码中，无论条件的计算结果是否为true，positiveNums的值总是按1递增：

```
var x:int;
var positiveNums:int = 0;

if (x > 0)
    trace("x is positive");
    positiveNums++;

trace(positiveNums); // 1
```

③switch

多个执行路径依赖于同一个条件表达式，switch语句则非常有用。该语句的功能与一长段if...else if 系列语句类似，但是更易于阅读。switch语句不是对条件进行测试以获得布尔值，而是对表达式进行求值并使用计算结果来确定要执行的代码块。代码块以case语句开头，以break语句结尾。例如，下面的switch语句基于由Date.getDay()方法返回的日期值输出星期几：

```
var someDate:Date = new Date();
var dayNum:uint = someDate.getDay();
switch(dayNum)
{
    case 0:
        trace("Sunday");
        break;
    case 1:
        trace("Monday");
```

```
      break;
    case 2:
      trace("Tuesday");
      break;
    case 3:
      trace("Wednesday");
      break;
    case 4:
      trace("Thursday");
      break;
    case 5:
      trace("Friday");
      break;
    case 6:
      trace("Saturday");
      break;
    default:
      trace("Out of range");
      break;
  }
```

（5）循环语句

循环语句允许用户使用一系列值或变量来反复执行一个特定的代码块。Adobe建议始终用大括号 ({})括起代码块。尽管可以在代码块中只包含一条语句时省略大括号，但是就像在介绍条件语言时所提到的那样，不建议用户这样做，原因也相同：因为这会增加无意中将以后添加的语句从代码块中排除的可能性。如果用户以后添加一条语句，并希望将它包括在代码块中，但是忘了加必要的大括号，那么该语句将不会在循环过程中执行。

①for

使用for循环可以循环访问某个变量以获得特定范围的值。必须在for语句中提供3个表达式：一个设置了初始值的变量，一个用于确定循环何时结束的条件语句，以及一个在每次循环中都更改变量值的表达式。例如，下面的代码循环5次，变量i的值从0开始到4结束，输出结果是从0到4的5个数字，每个数字各占1行。

```
var i:int;
for (i = 0; i < 5; i++)
{
  trace(i);
}
```

②for...in

for...in循环访问对象属性或数组元素。例如，可以使用for...in循环来循环访问通用对象的属性（不按任何特定的顺序来保存对象的属性，因此属性可能以看似随机的顺序出现）：

```
var myObj:Object = {x:20, y:30};
for (var i:String in myObj)
{
    trace(i + ": " + myObj[i]);
}
// output:
// x: 20
// y: 30
```

还可以循环访问数组中的元素：

```
var myArray:Array = ["one", "two", "three"];
for (var i:String in myArray)
{
    trace(myArray[i]);
}
// output:
// one
// two
// three
```

如果对象是自定义类的一个实例，那么除非该类是动态类，否则将无法循环访问该对象的属性。即便对于动态类的实例，也只能循环访问动态添加的属性。

③for each...in

for each...in循环用于循环访问集合中的项，这些项可以是XML或XMLList对象中的标签、对象属性保存的值或数组元素。如下面这段摘录的代码所示，可以使用for each...in循环来循环访问通用对象的属性，但是与for...in循环不同的是，for each...in循环中的迭代变量包含属性所保存的值，而不包含属性的名称：

```
var myObj:Object = {x:20, y:30};
for each (var num in myObj)
{
    trace(num);
}
// output:
// 20
// 30
```

用户可以循环访问 XML 或 XMLList 对象，如下面的示例所示：

```
var myXML:XML = <users>
    <fname>Jane</fname>
```

```
    <fname>Susan</fname>
    <fname>John</fname>
</users>;

for each (var item in myXML.fname)
{
    trace(item);
}
/* output
Jane
Susan
John
*/
```

还可以循环访问数组中的元素，如下面的示例所示：

```
var myArray:Array = ["one", "two", "three"];
for each (var item in myArray)
{
    trace(item);
}
// output:
// one
// two
// three
```

如果对象是密封类的实例，那么用户将无法循环访问该对象的属性。即使对于动态类的实例，也无法循环访问任何固定属性（作为类定义的一部分定义的属性）。

④while

while循环与if语句相似，只要条件为true，就会反复执行。例如，下面的代码与for循环示例生成的输出结果相同：

```
var i:int = 0;
while (i < 5)
{
    trace(i);
    i++;
}
```

使用while循环（而非for循环）的一个缺点是，编写while循环更容易导致无限循环。遗漏递增计数器变量的表达式，for循环示例代码将无法编译，而while循环示例代码能够编译。若没有用来递增i的表达式，循环将成为无限循环。

⑤do...while

do...while循环是一种while循环，保证至少执行一次代码块，这是因为在执行代码块后才会检查条件。下面的代码显示了do...while循环的一个简单示例，该示例在条件不满足时也会生成输出结果：

```
var i:int = 5;
do
{
    trace(i);
    i++;
} while (i < 5);
// output: 5
```

（6）函数

"函数"是执行特定任务并可以在程序中重用的代码块。ActionScript 3.0中有两种函数类型：方法和函数闭包。将函数称为方法还是函数闭包取决于定义函数的上下文。如果用户将函数定义为类定义的一部分或者将它附加到对象的实例，那么该函数称为方法。如果用户以其他任何方式定义函数，那么该函数称为函数闭包。

函数在ActionScript中始终扮演着极为重要的角色。在ActionScript 3.0中可以通过两种方法来定义函数：使用函数语句和使用函数表达式。用户可以根据自己的编程风格来选择相应的方法。如果倾向于静态或严格模式的编程，就应使用函数语句来定义函数；如果有特定的需求，就需要用函数表达式来定义函数。函数表达式更多地用在动态编程或标准模式编程中。

①函数语句

函数语句是在严格模式下定义函数的首选方法。函数语句以 function 关键字开头，其后可以跟以下3种类型。

❖ 函数名。

❖ 用小括号括起来的逗号分隔参数列表。

❖ 用大括号括起来的函数体，即在调用函数时要执行的ActionScript代码。

例如，下面的代码创建一个定义一个参数的函数，然后将字符串"hello"用作参数值来调用该函数：

```
function traceParameter(aParam:String)
{
    trace(aParam);
}

traceParameter("hello"); // hello
```

②函数表达式

声明函数的第二种方法就是结合使用赋值语句和函数表达式，函数表达式有时也称为函数字面值或匿名函数。这是一种较为繁杂的方法，在早期的ActionScript版本中广为使用。

带有函数表达式的赋值语句以var关键字开头，其后可以跟以下7种类型。

✢ 函数名。

✢ 冒号运算符(:)。

✢ 指示数据类型的Function类。

✢ 赋值运算符(=)。

✢ function关键字。

✢ 用小括号括起来的逗号分隔参数列表。

✢ 用大括号括起来的函数体，即在调用函数时要执行的ActionScript代码。

例如，下面的代码使用函数表达式来声明traceParameter函数：

```
var traceParameter:Function = function (aParam:String)
{
    trace(aParam);
};
traceParameter("hello"); // hello
```

函数表达式和函数语句的另一个重要区别是，函数表达式是表达式，而不是语句。这意味着函数表达式不能独立存在，而函数语句可以。函数表达式只能用作语句（通常是赋值语句）的一部分。下面的示例显示了一个赋予数组元素的函数表达式：

```
var traceArray:Array = new Array();
traceArray[0] = function (aParam:String)
{
    trace(aParam);
};
traceArray[0]("hello");
```

原则上，除非在特殊情况下要求使用表达式，否则应使用函数语句。函数语句较为简洁，而且与函数表达式相比，更有助于保持严格模式和标准模式的一致性。函数语句比包含函数表达式的赋值语句更便于阅读。与函数表达式相比，函数语句使代码更为简洁而且不容易引起混淆，因为函数表达式既需要 var 关键字又需要function关键字。

8.6　能力拓展

8.6.1　触类旁通——展示特效的制作

01 新建文档并设置其文档属性，宽为630像素，高为400像素，背景颜色为#0099CC，如图8-26所示。打开"第8章\展示特效的制作\素材.fla"外部库，并将所有素材拖入"库"面板，然后将"图层1"命名为"背景"，将库中图片"背景.jpg"拖至舞台，如图8-27所示。

02 新建图层"框"，使用矩形工具绘制图形并转换为影片剪辑元件"框"，如图8-28所示。编辑元件，将"图层1"命名为"框"，在"框"图层下新建图层"模糊"，将库中图片"12.jpg"拖至编辑区，并转换为影片剪辑元件"模糊图"，为其添加实例名称，如图8-29所示。

图8-26 设置文档属性

图8-27 拖入背景图片

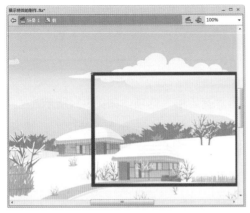

图8-28 绘制图形

图8-29 编辑元件并添加实例名称

03 编辑"模糊图"影片剪辑元件，选择"图层1"第2帧、第3帧、第4帧并插入空白关键帧，将库中图片"22.jpg"、"32.jpg"、"42.jpg"分别在第2帧、第3帧、第4帧拖至编辑区，如图8-30所示。

04 新建图层"AS"，选择第1帧并添加合适的控制脚本，如图8-31所示。

图8-30 编辑影片剪辑元件"模糊图"

图8-31 添加脚本

05 返回"框"影片剪辑元件,选择"模糊"层的第10帧、第15帧、第24帧并插入关键帧,选择第10帧、第15帧中的元件并将其适当移动,设置第24帧中的元件Alpha值为0%,如图8-32所示。在第1~10帧、第10~15帧、第15~24帧间创建传统补间动画。

06 新建图层"遮罩",使用矩形工具绘制图形,如图8-33所示。

图8-32 移动元件并设置Alpha值

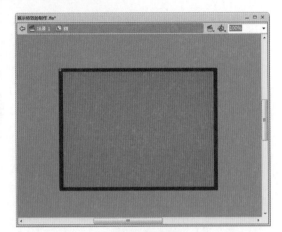

图8-33 绘制图形

07 右击"遮罩"图层,在弹出的快捷菜单中选择"遮罩层"选项,如图8-34所示。

08 新建图层"清晰",放置于"模糊"层下,设置"清晰"层为"一般层",选择第17帧并插入关键帧,将库中图片"1.jpg"拖至编辑区并转换为影片剪辑元件"清晰图",最后为其添加实例名称,如图8-35所示。

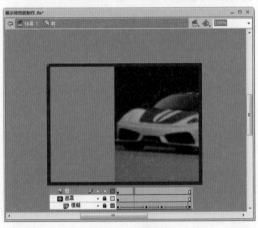

图8-34 设置遮罩层

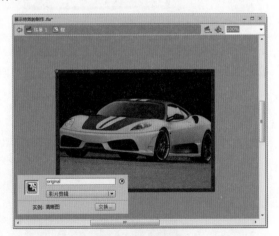

图8-35 添加实例名称

09 编辑"清晰图",选择"图层1"第2帧、第3帧、第4帧并插入空白关键帧,将库中图片"2.jpg"、"3.jpg"、"4.jpg"分别拖至第2帧、第3帧、第4帧编辑区,如图8-36所示。

10 新建图层"AS",选择第1帧并打开其"动作"面板,从中输入相应的控制脚本,如图

8-37所示。

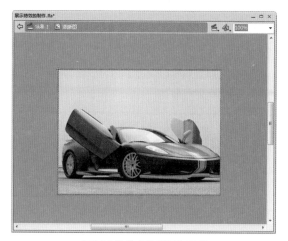

图8-36 编辑"清晰图"元件

图8-37 添加脚本

⑪ 编辑"框",新建图层"AS",在第17帧、第24帧处插入关键帧,分别在第1帧、第17帧、第24帧上添加脚本,如图8-38所示。

⑫ 新建影片剪辑元件"小图",将"图层1"命名为"图",将元件"清晰图"拖至编辑区并调整大小,为其添加实例名称,如图8-39所示。

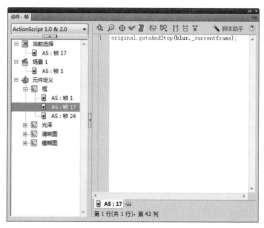

图8-38 添加脚本

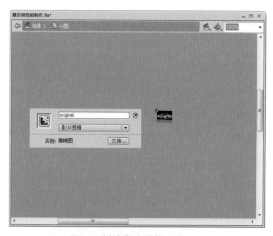

图8-39 新建影片剪辑元件

⑬ 新建图层"框线",使用直线工具绘制图形,如图8-40所示。

⑭ 新建图层"光泽",使用矩形工具绘制图形并转换为影片剪辑元件"光泽",如图8-41所示。

⑮ 编辑"光泽",将"图层1"第1帧拖至第2帧,选择第7帧并插入关键帧,设置图形Alpha值为0,如图8-42所示。选择"图层1"第1帧并添加脚本,如图8-43所示。

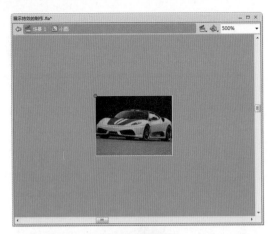

图8-40 绘制图形

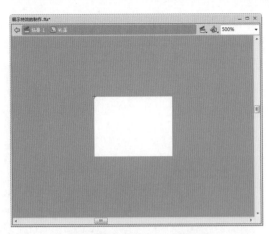

图8-41 影片剪辑元件"光泽"

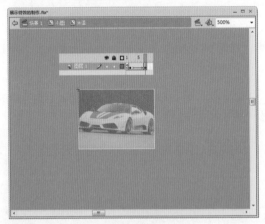

图8-42 编辑"光泽"元件

图8-43 添加脚本

16 编辑"小图",选择元件"光泽",为其添加实例名称,如图8-44所示。

17 返回主场景,新建图层"图片",将元件"小图"拖至舞台,分别为元件"小图"、
"框"添加实例名称,如图8-45所示。

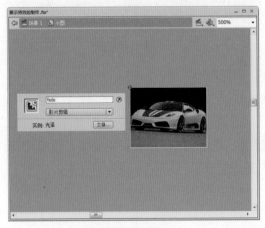

图8-44 设置实例名称

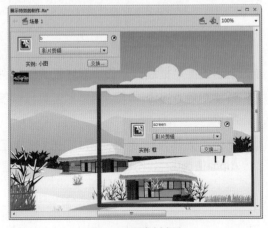

图8-45 设置实例名称

⑱ 新建图层AS，打开第1帧所对应的"动作"面板，从中添加相应的动作脚本，如图8-46所示。

⑲ 按"Ctrl+S"组合键保存动画，按"Ctrl+Enter"组合键对该动画效果进行测试，如图8-47所示。

图8-46 添加脚本

图8-47 测试动画

8.6.2 商业应用

随着Flash版本的不断更新，其在编程方面也有了很大的进步。ActionScript 3.0 是一种强大的面向对象编程语言，设计 ActionScript 3.0 的主要目的是创建一种适合快速地构建效果丰富的互联网应用程序语言，这种应用程序已经成为Web 体验的重要部分。在大型的Flash作品中都少不了添加动作脚本这一关键环节。图8-48所示为通过脚本控制电脑每一步的落子位置的五子棋。

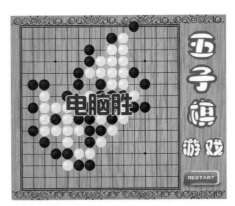

图8-48 五子棋

8.7 本章小结

通过本章的学习，读者了解了脚本语言ActionScript的相关知识，如ActionScript的语法基础等，以及"动作"面板的使用。本章通过水珠滑落效果与展示特效的制作，向读者介绍了ActionScript特效动画的制作，实现一些特殊功能。

8.8　认证必备知识

单项选择题

（1）为了方便理解代码，可以注释当前行，添加注释时，必须先输入＿＿＿＿＿＿符号。

A. ＆ 　　　　　　　　　　　B. //

C. ＠ 　　　　　　　　　　　D. \\

（2）var x=15; var y=x; var x=30，此时y的值是＿＿＿＿＿。

A. 15 　　　　　　　　　　　B. 0

C. 30 　　　　　　　　　　　D. undefined

多项选择题

（1）下列属于Date（日期）对象的是＿＿＿＿＿。

A. getDate（　） 　　　　　　B. getDay（　）

C. getMonth（　） 　　　　　D. getMinute（　）

（2）下列＿＿＿＿＿是ActionScript的关键字。

A. typeof 　　　　　　　　　B. then

C. instanceof 　　　　　　　D. else

判断题

（1）标识符Flash的全局函数使用的是global。＿＿＿＿＿

（2）var不是ActionScript的关键字。＿＿＿＿＿

第9章 Flash组件的应用

9.1 任务题目

通过两个实例的制作，掌握Flash中组件的应用，包括组件的基本操作、常见的UI组件的应用等。

9.2 任务导入

组件是Flash预设的动画，是带有参数的影片剪辑，这些参数可以修改组合的外观和行为，从而方便快捷地创建功能强大且具有相同外观和行为的应用程序。本章主要介绍几种常用的组件，如各类按钮、复选框、列表框等。

9.3 任务分析

1.目的

了解组件的作用和类型，掌握组件的基本操作，如添加和删除组件的方法等，掌握常用UI组件的应用，并能够熟练综合使用这些组件，制作出功能丰富的交互式动画。

2.重点

（1）了解组件的类型。

（2）掌握组件的基本操作。

（3）掌握常见UI组件的应用。

3.难点

（1）组件的基本操作。

（2）组件在网页中的应用。

9.4 技能目标

（1）掌握组件的应用。

（2）能够综合使用各种组件制作交互式动画。

9.5 任务讲析

9.5.1 实例演练——个人信息采集表

01 新建一个Flash文档，宽为700像素，高为530像素，如图9-1所示。将"第9章\个人信息采集表\背景.jpg和声音.mp3"素材导入到库中。新建图形元件"背景"，如图9-2所示。

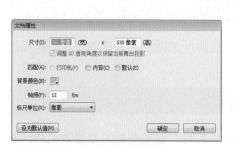

图9-1 设置文档属性

图9-2 新建图形元件

02 从"库"面板中拖入背景素材，如图9-3所示。然后在"属性"面板中设置其位置和大小，如图9-4所示。

图9-3 拖入背景图片

图9-4 设置图片位置和大小

03 打开"组件"窗口，选择User Interface中的Button组件并拖至舞台，然后删除，如图9-5所示。再选择TextArea组件并拖至舞台，然后删除，如图9-6所示。

图9-5 Button组件

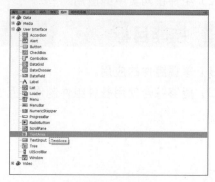

图9-6 TextArea组件

04 选择TextInput组件并拖至舞台，然后删除，如图9-7所示。此时库中存在刚才创建的3个组件，如图9-8所示。

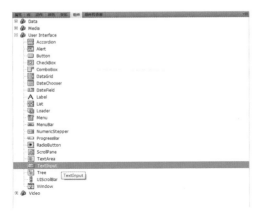

图9-7 TextInput组件

图9-8 "库"面板

05 在主场景新建背景图层，将"背景"图形元件拖入舞台中央，如图9-9所示。新建图层，添加结果说明文字的静态文字，如图9-10所示。

图9-9 拖入图形元件

图9-10 输入文字

06 新建图层，依次拖入2个TextInput组件，1个TextArea组件和1个Button组件，如图9-11所示。在"属性"面板中设置Button组件的实例名为submit，如图9-12所示。

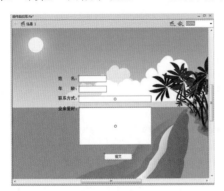

图9-11 拖入组件

图9-12 设置Button组件名称

07 在"属性"面板中设置TextArea组件的实例名为ufavorite，如图9-13所示。在"属性"

面板中设置联系方式旁的TextInput组件的实例名为uaddress，如图9-14所示。

图9-13 设置TextArea组件名称　　　　图9-14 设置联系方式的TextInput组件名称

08 在"属性"面板中设置年龄旁的TextInput组件的实例名为uage，如图9-15所示。在"属性"面板中设置姓名旁的TextInput组件的实例名为uname，如图9-16所示。

图9-15 设置年龄的TextInput组件名称　　　　图9-16 设置姓名的TextInput组件名称

09 在本图层第2帧插入关键帧，并拖入1个Button组件和1个TextArea组件，如图9-17所示。在属性窗口中分别为其设置实例名again和finals，如图9-18所示。

图9-17 拖入组件　　　　图9-18 设置实例名称

10 新建图层，添加输入文本时标题说明的静态文本，如图9-19所示。新建关键帧，第2帧添加确认信息时标题说明的静态文本如图9-20所示。

图9-19 输入文本1

图9-20 输入文本2

⑪ 新建图层，在"属性"面板中设置背景音乐的名称和同步内容，如图9-21所示。新建动作图层，添加相应代码，具体代码见源文件，如图9-22所示。

图9-21 设置背景音乐

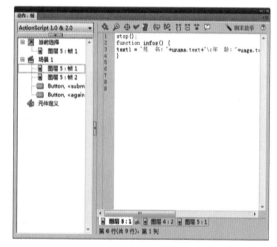

图9-22 添加脚本

⑫ 按"Ctrl+S"组合键保存文件，按"Ctrl+Enter"组合键测试动画，效果如图9-23、图9-24所示。

图9-23 填写个人信息

图9-24 确认个人信息

9.5.2 基础知识解析

1.初识组件

组件是带有参数的影片剪辑，这些参数可以修改组件的外观和行为。组件既可以是简单的用户界面控件，也可以包含内容，还可以是不可见的。用户在浏览网页时，尤其是在填写注册表时，经常会见到Flash制作的单选按钮、复选框以及按钮等元素，这些元素便是Flash中的组件。

在Flash中，常用的组件分为以下5种类型。

✤ 选择类组件：为了方便用户，在Flash中预置了4种常用的选择类组件：Button、CheckBox、RadioButton和NumericStepper。

✤ 文本类组件：虽然Flash具有功能强大的文本工具，但是利用文本类组件可以更加快捷、方便地创建文本框，并且可以载入文档数据信息。在Flash中预置了3种常用的文本类组件：Lable、TextArea和TextInput。

✤ 列表类组件：为了直观地组织同类信息数据，方便用户选择，Flash预置了3种列表类组件:ComboBox、DataGrid和List。

✤ 文件管理类组件：文件管理类组件可以对Flash中的多种信息数据进行有效的归类管理，其中包括Accordion、Menu、MenuBar和Tree。

✤ 窗口类组件：使用窗口类组件可以制作类似于Windows操作系统的窗口界面，如带有标题栏和滚动条资源管理器和执行某一操作时弹出的警告提示对话框等。窗口类组件包括Alert、Loader、ScrollPane、Windows、UIScrollBar和ProgressBar。

2.组件的基本操作

Flash中的组件是向Flash文档添加特定功能的可重用打包模块。组件可以包括图形以及代码，可以轻松使用在Flash项目中的预置功能。组件可以是单选按钮、对话框、预加载栏，还可以是根本没有图形的某个项，如定时器、服务器连接实用程序或自定义XML分析器。

（1）添加和删除组件

在Flash中，通过"组件"面板可以将选定的组件添加到文档，通过"组件检查器"面板可以设置组件实例的名称和属性。

首次将组件添加到文档时，Flash会将其作为影片剪辑导入到"库"面板中。还可以将组件从"组件"面板直接拖到"库"面板中，然后将其实例添加到舞台上。下面将向用户介绍添加组件并修改组件实例的方法和技巧，其具体操作如下。

01 执行"窗口"＞"组件"命令或按"Ctrl+F7"组合键，打开"组件"面板，如图9-25所示。

02 在"组件"面板中选择组件类型，将其拖动至舞台或"库"面板中，如图9-26所示。

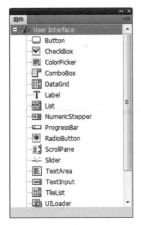

图9-25 "组件"面板 　　　　图9-26 "库"面板

03 将组件添加到"库"面板中即可通过"库"面板在舞台上创建多个组件实例，如图9-27所示。

04 执行"窗口">"组件检查器"命令，弹出"组件检查器"面板，如图9-28所示。

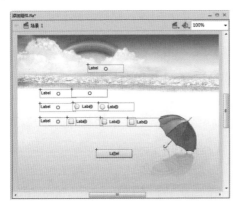

图9-27 创建组件实例 　　　　图9-28 "组件检查器"面板

05 使用工具箱中的选择工具，选择舞台中的组件实例。在"组件检查器"面板中的"参数"选项卡中即可设置组件参数，如图9-29、图9-30所示。

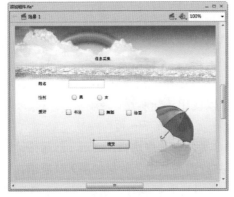

图9-29 设置实例参数 　　　　图9-30 设置组件参数

在Flash CS4中，删除组件有以下两种方法。

✤ 在"库"面板中，选择要删除的组件，按"Delete"键。

✤ 选择要删除的组件，单击"库"面板底部的"删除"按钮，或将组件直接拖曳至"删除"按钮上。

使用以上任意一种方法，即可删除组件。要从Flash影片中删除已添加的组件实例，可以通过以上两种方法删除"库"面板中的组件类型图标，或直接选择舞台中的组件实例，按"Delete"键或"Backspace"键删除组件实例。

（2）预览并查看组件

动态预览模式使动画制作者在制作时能够观察到组件发布后的外观，并反映出不同组件的不同参数。在Flash CS4中，使用默认启用的"实时预览"功能，可以在舞台上查看组件在将发布的Flash内容中出现的近似大小和外观。

在Flash CS4中，执行"控制" > "启用动态预览"命令即可，但是"实时预览"中的组件不可操作。若要测试功能，则必须执行"控制" > "试影片"命令。

（3）设置组件实例的大小

在Flash CS4中，组件不会自动调整大小以适合其标签。如果添加到文档中的组件实例不够大，而无法显示其标签，就会将标签文本剪切掉。此时，用户必须调整组件大小以适合其标签。

若使用任意变形工具或动作脚本中的"_width"和"_height"属性来调整组件实例的宽度和高度，则可以调整该组件的大小，但是组件内容的布局依然保持不变，这将导致组件在影片回放时发生扭曲。此时，可以通过使用从任意组件实例中调用setSize()方法来调整其大小。例如，下面的代码即为将一个List组件实例的大小调整为宽200像素、高300像素：

```
aList.setSize(200,300);
```

3.常见UI组件的应用

在Flash中，包含多种类型的组件，下面将分别介绍Button、CheckBox、ColorPicker、List、RadioButton、ProgressBar、ComboBox和ScrollPane共8种常用组件的特点和具体应用。

（1）Button组件的应用

Button（按钮）组件是一个可调整大小的矩形按钮，用户可以通过鼠标或空格键按下该按钮，以在应用程序中启动某种操作。可以给Button添加一个自定义图标。也可以将Button的行为从按下改为切换。在单击切换Button后，它将保持按下状态，直到再次单击时才会返回到弹起状态。

按钮是Flash组件中较简单、常用的一个组件，利用它可执行所有的鼠标和键盘交互事件。如果需要让用户启动一个事件，可以使用按钮实现。例如，大多数表单都有"提交"按钮。用户也可以给演示文稿添加"上一页"和"下一页"按钮。

打开"组件"面板下的User Interface类，在其中选择Button，然后按住鼠标左键将其拖动到舞台上即可。例如，将按钮Button拖放到场景中，效果如图9-31所示。

在完成Button组件实例的添加后，需要设置其属性。使用选择工具选择舞台中要进行属性设置的Button组件实例，在"组件检查器"面板中单击"参数"标签，进入"参数"选项卡，在该选项卡中即可对Button组件实例进行属性设置，如图9-32所示。

图9-31 按钮实例

图9-32 按钮属性参数

"参数"中各选项的含义如下。

❖ emphasized：可以为按钮添加边框，显示边框效果。

❖ enabled：用于控制按钮上显示内容的层次。选择时文字显示在图标的上面，取消选择时，文字显示在图标的下面。

❖ label：它决定按钮上的显示内容，默认值是Label。

❖ labelPlacement：确定按钮上的标签文本相对于图标的方向。其中包括4个选项：left、right、top和bottom，默认值是right。

❖ selected：选择toggle后，该参数指定按下还是释放按钮。

❖ toggle：将按钮转变为切换开关。

❖ visible：该选项决定对象是否可见。

（2）CheckBox组件的应用

CheckBox（复选框）是一个可以选中或取消选中的方框。在Flash一系列选择项目中，利用复选框可以同时选取多个项目。当它被选中后，框中会出现一个复选标记。可以为CheckBox添加一个文本标签，并将它放在CheckBox的左侧、右侧、上面或下面。

在Flash CS4中，可以使用CheckBox收集一组不相互排斥的true或false值。打开"组件"面板下的User Interface类，在其中选择CheckBox，然后按住鼠标左键将其拖动到舞台上即可，如图9-33所示。

在"组件检查器"面板中单击"参数"标签，进入"参数"选项卡，如图9-34所示。其中各主要参数的具体含义如下。

❖ enabled：用于控制组件是否可用。

❖ label：确定复选框旁边的显示内容，默认值是Label。

❖ labelPlacement：确定复选框上标签文本的方向。其中包括4个选项：left、right、top和bottom，默认值是right。

❖ selected：确定复选框的初始状态为选中或取消选中。被选中的复选框中会显示一个对号标记。

❖ visible：该选项决定对象是否可见。

图9-33 CheckBox组件实例　　　　　　　　图9-34 属性参数

（3）ColorPicker组件的应用

ColorPicker（颜色井）组件允许用户从样本列表中选择颜色。ColorPicker的默认模式是在方形按钮中显示单一颜色。用户单击按钮时，"样本"面板中将出现可用的颜色列表，同时出现一个文本字段，显示当前所选颜色的十六进制值。

打开"组件"面板下的User Interface类，在其中选择ColorPicker，然后按住鼠标左键将其拖动到舞台上即可，如图9-35所示。

在完成ColorPicker组件实例的添加后，需要设置其属性。使用选择工具，选择舞台中要进行属性设置的ColorPicker组件实例，在"组件检查器"面板中单击"参数"标签，进入"参数"选项卡，在该选项卡中即可对组件实例进行属性设置，如图9-36所示。

图9-35 ColorPicker组件实例　　　　　　图9-36 属性参数

其中，各选项含义如下。

✤ enabled：用于控制颜色井是否可用。

✤ selectedColor：它决定组件实例上的显示颜色，默认值是"#000000"。单击右侧的颜色数值框，在弹出的调色板中即可选择颜色值。

✤ showTextField：用于设置在调色板中是否显示输入颜色的十六进制值的数值框。选择该选项时显示输入颜色的十六进制值的数值框，如图9-37所示；反之，不显示输入颜色的十六进制值的数值框，如图9-38所示。

✤ visible：该选项决定对象是否可见。

图9-37 显示数值框

图9-38 不显示数值框

（4）List组件的应用

List（列表框）组件是一个可滚动的单选或多选列表框。列表还可显示图形及其他组件。用户在单击标签或数据参数字段时，会出现"值"对话框，用户可以使用该对话框来添加显示在列表中的项目。也可以使用List.addItem()和List.addItemAt()方法将项添加到列表。

列表框的作用是让用户在已有的选项列表中选择需要的选项。用户可以建立一个列表，以便用户可以选择一项或多项，如用户访问电子商务Web站点时需要选择想要购买的项目。列表中一共有30个项目，用户可在列表中上下滚动，并通过单击选择一项。

打开"组件"面板下的User Interface类，在其中选择List，然后按住鼠标左键将其拖动到舞台上即可，如图9-39所示。在"组件检查器"面板的"参数"选项卡中可对组件实例进行属性设置，如图9-40所示。

图9-39 组件实例

图9-40 属性参数

"参数"选项卡中各主要参数的具体含义如下。

✤ dataProvider：填充列表数据的值数组。它是一个文本字符串数组，为label参数中的各项目指定相关联的值。其内容应与labels完全相同，单击右边的按钮，将打开"值"对话框，单击"+"按钮，添加文本字符串。

✤ allowMultipleSelection：用于确定是否可以选择多个选项。如果可以选择多个选项就选择，如果不能选择多个选项就取消选择。

❖ enabled：用于控制组件是否可用。

❖ horizontalLineScrollSize：确定每次按下滚动条两边的箭头按钮时水平滚动条移动多少个单位，默认值为4。

❖ horizontalPageScrollSize：指明每次按下轨道时水平滚动条移动多少个单位，默认值为0。

❖ horizontalScrollPolicy：确定是否显示水平滚动条。该值可以为on（显示）、off（不显示）或auto（自动），默认值为auto。

❖ verticalLineScrollSize：指明每次按下滚动条两边的箭头按钮时垂直滚动条移动多少个单位，默认值为4。

❖ verticalPageScrollSize：指明每次按下轨道时垂直滚动条移动多少个单位，默认值为0。

❖ verticalScrollPolicy：确定是否显示垂直滚动条。该值可以为on（显示）、off（不显示）或auto（自动），默认值为auto。

❖ visible：该选项决定对象是否可见。

（5）RadioButton组件的应用

RadioButton（单选按钮）组件强制用户只能选择一组选项中的一项。该组件必须用于至少有两个RadioButton实例的组。在任何给定的时刻，都只有一个组成员被选中。选择组中的一个单选按钮将取消选择组内当前选定的单选按钮。

单选按钮是Web上许多表单应用程序的基础部分。如果需要让用户从一组选项中做出一个选择，就可以使用单选按钮。例如，在表单上询问客户要使用哪种信用卡时，用户就可以使用单选按钮。

在Flash中的单选按钮组件类似于对话框中的单选按钮。利用UI组件中的RadioButton可以创建多个单选按钮，如图9-41所示。在"组件检查器"面板中可设置组件的参数，如图9-42所示。

图9-41 组件实例

图9-42 属性参数

"参数"选项卡中各主要参数的具体含义如下。

❖ enabled：用于控制组件是否可用。

❖ value：一个文本字符串数组，为Label参数中的各项目指定相关联的值，没有默认值。

❖ groupName：指定该单选项所属的单选按钮组，该参数相同的单选按钮是一组，而且在一组单选按钮中只能选择一个单选项。

❖ label：设置按钮上的文本值，默认值是Label（单选按钮）。

❖ labelPlacement：确定单选项旁边标签文本的方向。其中包括4个选项：left、right、top或bottom，默认值为right。

❖ selected：确定单选项的初始状态为被选中（true）或取消选中（false），默认值为false。被选中的单选按钮中会显示一个圆点。一个组内只有一个单选项可以被选中。

❖ visible：该选项决定对象是否可见。

（6）ProgressBar组件的应用

ProgressBar（加载进度条）组件用于显示内容的加载进度，当内容较大且可能延迟应用程序的执行时，显示进度可令用户安心。ProgressBar对于显示图像和部分应用程序的加载进度非常有用。加载进程可以是确定的，也可以是不确定的。当要加载的内容量已知时，使用确定的进度栏。确定的进度栏是一段时间内任务进度的线性表示。当要加载的内容量未知时，使用不确定的进度栏。还可以添加Label组件，以将加载进度显示为百分比。

在Flash CS4中，可以采用三种模式来使用ProgressBar组件。最常用的模式是事件模式和轮询模式。这两种模式指定一个发出progress和complete事件（事件模式和轮询模式）或公开bytesLoaded和bytesTotal属性（轮询模式）的加载进程。还可以在手动模式下使用ProgressBar组件，方法是设置maximum、minimum和value属性，并调用ProgressBar.setProgress()方法。可以设置不确定的属性，以指示ProgressBar是用条纹图案填充并且源的大小未知（true），还是纯色填充并且源的大小已知（false）。

打开"组件"面板下的User Interface类，在其中选择ProgressBar，然后按住鼠标左键将其拖动到舞台上即可，如图9-43所示。其对应的"参数"选项卡如图9-44所示。

图9-43 组件实例

图9-44 属性参数

（7）ComboBox组件的应用

在任何需要从列表中选择一项的表单或应用程序中，用户都可以使用ComboBox 组件。例如，用户可以在客户地址表单中提供一个州/省的下拉列表。对于比较复杂的情况，可以使用可编辑的ComboBox。例如，在提供驾驶方向的应用程序中，用户可以使用一个可编辑的ComboBox以允许用户输入出发地址和目标地址。下拉列表会包含用户以前输入过的地址。

Flash组件中的ComboBox（下拉列表框）组件与对话框中的下拉列表框类似，单击右边的下三角按钮即可弹出相应的下拉列表，以供选择需要的选项，如图9-45所示。

在 ComboBox 组件实例所对应的"组件检查器"面板的"参数"选项卡（如图 9-46 所示），各主要参数的具体含义如下。

✤ dataProvider：将一个数据值与ComboBox组件中的每个项目相关联。

✤ editable：决定用户是否可以在下拉列表框中输入文本。如果可以输入就选择true，如果只能选择不能输入就选择false，默认值为false。

✤ rowCount：确定在不使用滚动条时最多可以显示的项目数，默认值为5。

图9-45 组件实例　　　　　　　　　　图9-46 属性参数

小知识：ComboBox

ComboBox（下拉列表框）组件允许用户从下拉列表中进行单项选择。ComboBox可以是静态的，也可以是可编辑的。可编辑的ComboBox允许用户在列表顶端的文本字段中直接输入文本。如果下拉列表超出文档底部，该列表将会向上打开，而不是向下。ComboBox由3个子组件构成：BaseButton、TextInput和List组件。

（8）ScrollPane组件的应用

可以使用ScrollPane（滚动条）组件来显示对于加载区域而言过大的内容。滚动条是动态文本框与输入文本框的组合，在动态文本框和输入文本框中添加水平和竖直滚动条，可以通过拖动滚动条来显示更多的内容。如果有一幅大图像，而在应用程序中只有很小的空间来显示，就可以将它加载到ScrollPane中。ScrollPane可以接受影片剪辑、JPEG、PNG、GIF和SWF文件。

打开"组件"面板下的User Interface类，在其中选择ScrollPane，然后按住鼠标左键将其拖动到舞台上即可，如图9-47所示。其对应的"参数"选项卡如图9-48所示。

图9-47 组件实例　　　　　　　图9-48 属性参数

"参数"选项卡中各主要参数的具体含义如下。

✦ enabled：用于设置滚动条中加载的内容是否呈半透明显示。

✦ horizontalLineScrollSize：确定每次按下滚动条两边的箭头按钮时，水平滚动条移动多少个单位，默认值为5。

✦ horizontalPageScrollSize：指明每次按下轨道时水平滚动条移动多少个单位，默认值为20。

✦ horizontalScrollPolicy：确定是否显示水平滚动条。该值可以为on（显示）、off（不显示）或auto（自动），默认值为auto。

✦ scrollDrag：一个布尔值，用于确定是否允许用户在滚动条中滚动内容。如果允许，就选择true选项；如果不允许，就选择false选项；默认值为false。

✦ source：指示要加载到滚动条中的内容。该值可以是本地的SWF或JPG文件的相对路径，也可以是Internet上文件的相对或绝对路径，还可以是设置为"为ActionScript导出"库中影片剪辑元件的链接标识符。

✦ verticalLineScrollSize：指明每次按下滚动条两边的箭头按钮时垂直滚动条移动多少个单位，默认值为5。

✦ verticalPageScrollSize：指明每次按下轨道时垂直滚动条移动多少个单位，默认值为20。

✦ verticalScrollPolicy：确定是否显示垂直滚动条。该值可以为on（显示）、off（不显示）或auto（自动），默认值为auto。

9.6　能力拓展

9.6.1　触类旁通——组件的应用

01 新建一个文档并设置其文档属性，宽为760像素，高为520像素，背景颜色为#99995B，如图9-49、图9-50所示。按"Ctrl+Shift+S"组合键，设置文档名称为"CheckBox组件"并保存文件。

02 执行"文件"＞"导入"＞"导入到库"命令，将"第9章\组件的应用\素材"中所有素材文件导入到库，如图9-51所示。将面板中的"背景"图片拖至舞台，并将其转换为图形元件"背景"，如图9-52所示。

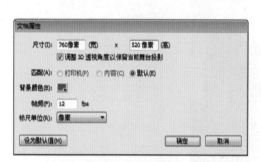

图9-49 设置文档属性

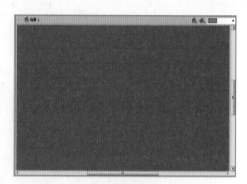

图9-50 背景颜色

图9-51 导入素材文件

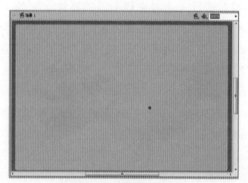

图9-52 拖入"背景"图片

03 在"图层1"的第2帧处插入普通帧。新建"图层2",如图9-53所示。创建影片剪辑元件"星座",在第1帧、第20帧、第40帧、第60帧、第80帧、第100帧、第120帧处分别插入关键帧,将"库"面板中的星座图片分别拖至舞台,如图9-54所示。

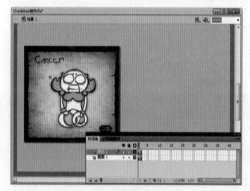

图9-53 新建图层

图9-54 拖入星座图片

04 将图片分别转换为影片剪辑元件"巨蟹"、"狮子"、"处女"、"天秤"、"天蝎"、"射手"、"双鱼",如图9-55所示。将以上元件分布在各个关键帧中,并放置于舞台相同位置。分别设置其滤镜值为"投影",如图9-56所示。

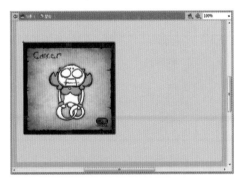

图9-55 转换为影片剪辑元件　　　　　　　　　　图9-56 添加滤镜效果

05 返回到主场景中，新建"图层3"，使用文本工具输入文字，如图9-57所示。在第2帧处
插入空白关键帧，使用文本工具输入文字，如图9-58所示。

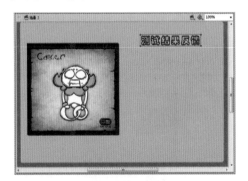

图9-57 输入文字　　　　　　　　　　　　图9-58 输入文字

06 新建"图层4"，打开"组件"窗口，选择User Interface中的CheckBox组件并拖至舞
台，然后将其删除，如图9-59所示。选择User Interface中的Button组件并拖至舞台，然
后将其删除，如图9-60所示。

图9-59 CheckBox组件　　　　　　　　　图9-60 Button组件

07 打开"组件"窗口，选择User Interface中的TextArea组件并拖至舞台，然后将其删除，
如图9-61所示。此时，"库"面板中存在这3个组件，如图9-62所示。

图9-61 TextArea组件

图9-62 "库"面板

08 在"图层4"的第一帧处放置一个标签为"提交"的Button组件和12个CheckBox组件，如图9-63所示。在"属性"窗口中设置CheckBox组件实例名为pd1～pd12，如图9-64所示。

图9-63 放置组件

图9-64 设置实例名

09 在第二帧处插入关键帧，放置一个标签为"返回"的Button组件和TextArea组件，如图9-65所示。在"属性"窗口中设置TextArea组件的实例名为finals，如图9-66所示。

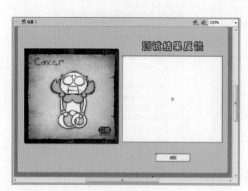

图9-65 放置组件

图9-66 设置实例名

10 新建"图层5"，在"属性"窗口中设置背景音乐的名称和同步参数，如图9-67所示。然后新建"图层6"，在"动作"面板中输入代码，然后在第2帧处插入关键帧，输入代码，具体代码见源文件，如图9-68所示。

图9-67 设置背景音乐

图9-68 添加脚本

11 此时，CheckBox组件制作完毕，按"Ctrl+Enter"组合键测试动画，效果如图9-69、图9-70所示。

图9-69 测试动画效果1

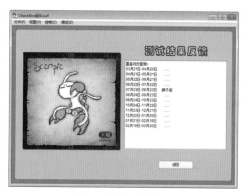

图9-70 测试动画效果2

9.6.2 商业应用

　　随着Flash技术的发展，Flash组件技术也日趋成熟，功能得到了进一步的加强和扩展，Flash组件在动态网站制作中的应用非常广泛，尤其是会员注册页面、留言板、订购单等，都可以使用Flash的组件来构建。注册表单通常用于采集网站用户信息，并将其保存到网站的数据库中。结合使用Flash的各种UI组件，可以方便地创建包含各种注册项的注册表单。如图9-71所示的凤凰网中的"平安车险计算器"就是使用Flash组件制作的动画。

图9-71 平安车险计算器

9.7 本章小结

通过本章的学习，用户可以了解一些常用组件的功能，以及这些组件的使用方法和使用技巧。希望读者能够把这些组件组合起来应用，制作出更为丰富的动画交互。

9.8 认证必备知识

单项选择题

（1）用_____参数可以设置Button组件实例的标签。

A. icon
B. selected

C. labelPlacement
D. label

（2）RadioButton组件有一个独特的用于设置组名称的参数，即_____。

A. label
B. groupName

C. text
D. name

多项选择题

（1）下列属于ComboBox组件参数的有_____。

A. dataProvider
B. rowCount

C. enabled
D. label

（2）当使用组件创建包含多个页面的表单时，应该_____。

A. 注意收集和存储浏览者输入的数据
B. 注意监视组件的状态

C. 忽略组件的不同状态
D. 编写脚本在表单页面内跳转

判断题

（1）Button组件是带有参数的影片剪辑，其中所带的参数由用户在创作时进行设置。

_____

（2）TextArea组件的wordWrap参数指明文本是否自动换行，默认值为true。_____

第10章　影片后期处理全程设计

10.1　任务题目

当动画制作完成后，就可以将动画作为文件导出，供其他的应用程序使用，或将动画作为作品发布出来供人观赏，但在发布和导出动画之前必须进行测试和优化。

10.2　任务导入

在发布和导出动画前要进行测试与优化，测试是为了检查动画是否能正常播放；优化是为了减小文件的大小、加快动画的下载速度。本章将具体介绍影片的后期处理过程。

10.3　任务分析

1．目的

了解测试影片的两种环境，掌握优化影片的技巧，掌握影片的发布设置、方法以及导出影片的相关知识。

2．重点

（1）掌握优化影片的技巧。

（2）掌握影片的发布设置与方法。

（3）掌握导出影片的方法。

3．难点

（1）影片的发布设置与方法。

（2）导出影片的操作方法。

10.4　技能目标

（1）掌握动画影片后期的处理。

（2）能够在动画创建完成后进行影片的一些后期处理，以达到优化影片的目的。

10.5 任务讲析

10.5.1 实例演练——制作生日贺卡

01 新建一个Flash文档，设置其宽为400像素，高为300像素，然后按"Ctrl+Shift+S"组合键，以"生日快乐"为名称并保存文件，如图10-1所示。

02 将"第10章\制作生日贺卡\素材\背景1.jpg、背景2.jpg和声音.mp3"素材导入到库中。新建影片剪辑元件"场景"，将库中图片"背景1"拖至舞台，在第465帧处插入普通帧，如图10-2所示。

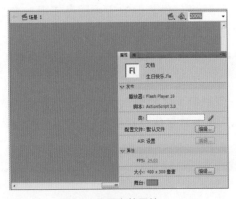

图10-1 设置文档属性

图10-2 拖入背景图片

03 新建"图层2"，使用矩形工具绘制一个径向渐变的圆角矩形，在第40帧处插入关键帧，将颜色调整为渐透明状，并在第1～40帧之间创建补间形状动画，如图10-3所示。

04 新建"图层3"，使用矩形工具绘制同等大小尺寸的圆角矩形，在"图层3"上单击鼠标右键并选择"遮罩层"命令，创建遮罩层，如图10-4所示。

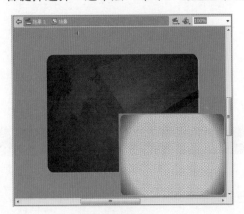

图10-3 绘制图形

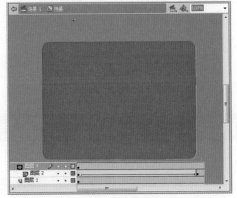

图10-4 设置遮罩层

05 新建"图层4"，在第84帧处插入关键帧，使用文本工具输入文字，将其转换为一个影片剪辑元件"文字2"，再将其转换为影片剪辑元件"文字3"，如图10-5所示。

06 返回到影片剪辑元件"文字2"的编辑区，将影片剪辑元件"文字2"的滤镜值设置为

"发光"，如图10-6所示。

图10-5 输入文字

图10-6 添加发光滤镜

07 返回影片剪辑元件"场景"编辑区，将第84帧中的影片剪辑元件"文字2"拖至舞台下方，将其Alpha值设置为"0%"，然后在第100帧处插入关键帧，将影片剪辑元件"文字2"移至舞台合适位置，并在第84~100帧间创建传统补间动画，如图10-7所示。

08 依次往后插入关键帧至第106帧，以制作文字上下晃动的效果，这里按照个人喜好制作，但运动的幅度不宜过大，如图10-8所示。

图10-7 创建补间动画

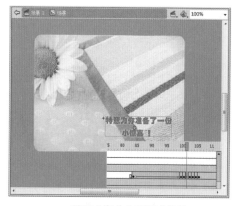

图10-8 制作文字晃动效果

09 新建"图层5"，在第40帧处插入关键帧，使用文本工具及绘图工具，输入相应的文字、绘制小熊形状的图形，并将其转换为影片剪辑元件"文字"，再转换为影片剪辑元件"文字1"，如图10-9所示。

10 返回到影片剪辑元件"文字"的编辑区，将影片剪辑元件"文字1"的滤镜值设置为发光，如图10-10所示。

11 返回到影片剪辑元件"场景"编辑区，将第40帧中的影片剪辑元件"文字2"拖至舞台左方，将其Alpha值设置为"0%"，在第59帧处插入关键帧，将影片剪辑元件"文字1"移动至舞台合适位置，并在第40~59帧之间创建传统补间动画，如图10-11所示。

12 依次往后插入关键帧至第63帧，以制作文字左右晃动的运动效果，注意运动的幅度不宜过大，如图10-12所示。

图10-9 输入文字、绘制小熊形状

图10-10 添加发光滤镜

图10-11 创建补间动画

图10-12 制作文字左右晃动效果

⑬ 新建"图层6"，在第178帧处插入关键帧，将库中图片"背景2"拖至舞台并居中对齐。将其转换为影片剪辑元件"背景2"，如图10-13所示。

⑭ 返回到影片剪辑元件"场景"编辑区，在第198帧处插入关键帧，将第178帧处的影片剪辑元件"场景1"放置在舞台右方，并设置其Alpha值为0%，最后创建第178～198帧之间的传统补间动画，如图10-14所示。

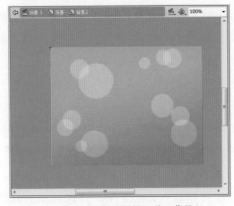

图10-13 影片剪辑元件"背景2"

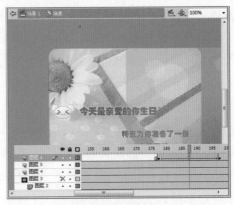

图10-14 创建补间动画

⑮ 新建"图层7"，使用椭圆工具绘制蛋糕的底座，将其转换为影片剪辑元件"底座"，如图10-15所示。

⑯ 返回到影片剪辑元件"场景"编辑区，设置其滤镜值为"模糊、投影"，如图10-16所示。

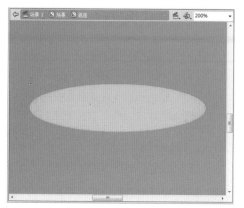

图10-15 绘制形状

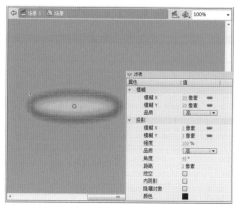

图10-16 添加滤镜效果

⑰ 在第217帧处插入关键帧，将第200帧中的影片剪辑元件"底座"拖至舞台下方，将其Alpha值设置为"0%"，并创建第200～217帧之间的传统补间动画，如图10-17所示。

⑱ 依次往后插入关键帧至第220帧，制作影片剪辑元件"底座"上下晃动的效果，如图10-18所示。

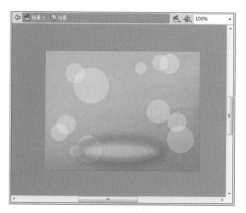

图10-17 创建补间动画

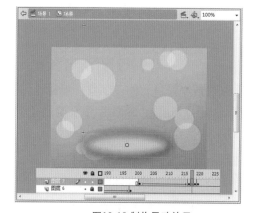

图10-18 制作晃动效果

⑲ 新建"图层8"，在第198帧处插入关键帧，使用钢笔工具绘制蛋糕形状的图形，并将其转换为影片剪辑元件"蛋糕"，在第217帧处插入关键帧，如图10-19所示。

⑳ 返回到影片剪辑元件"场景"编辑区，将第198帧中的影片剪辑元件"蛋糕"拖至上方，并创建第198～217帧之间的传统补间动画。依次往后插入关键帧至第220帧，如图10-20所示。

㉑ 制作影片剪辑元件"蛋糕"上下晃动的运动效果，注意运动的幅度不宜过大，如图10-21所示。

㉒ 新建"图层9"，在第258帧处插入关键帧，使用钢笔工具，绘制一个蜡烛形状的图形，

并将其转换为图形元件"蜡烛",如图10-22所示。

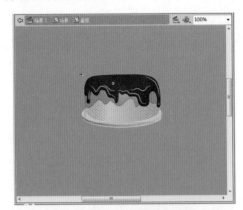

图10-19 绘制蛋糕形状

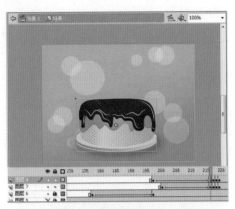

图10-20 创建补间动画

图10-21 制作蛋糕晃动效果

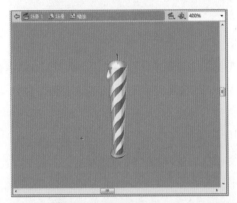

图10-22 绘制蜡烛图形

㉓ 返回到影片剪辑元件"场景"编辑区,在第270帧处插入关键帧,在第258帧处插入关键帧,将图形元件"蜡烛"拖至舞台上方,并创建第258~270帧间的传统补间动画,如图10-23所示。

㉔ 按照上述做法,制作图形元件"点缀"、"球"、"花1"、"字"的运动过程,如图10-24所示。

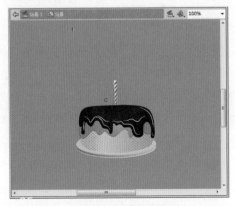

图10-23 创建补间动画

图10-24 制作其他元件运动

㉕ 新建图层，使用钢笔工具绘制烛光形状的图形，并将其转换为影片剪辑元件"蜡烛按钮1"，再将其转换为图形元件"烛光"，如图10-25所示。

㉖ 返回到影片剪辑元件"蜡烛按钮1"编辑区，在第4帧、第15帧处插入关键帧，将第1帧、第4帧的影片剪辑元件"蜡烛按钮1"的Alpha值设置为0%，创建第4～15帧间的传统补间动画，在第25帧处插入普通帧，最后将其实例名称设置为"zhuxin"，如图10-26所示。

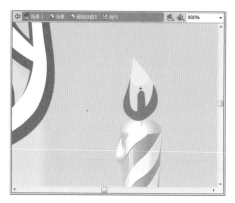
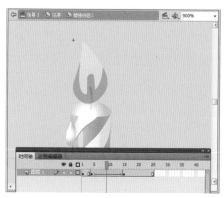

图10-25 绘制烛光   图10-26 创建补间动画

㉗ 新建"图层2"，分别在第1帧、第25帧处插入空白关键帧，分别输入控制脚本"stop();"。返回到影片剪辑元件"场景"编辑区，新建图层，在第271帧处插入空白关键帧，为其输入相应的控制脚本，如图10-27所示。

㉘ 在第458帧处插入关键帧，使用文本工具制作按钮元件"replay"，制作其由下至上，从透明到清晰的运动过程。最后将其实例名称设置为"an"，如图10-28所示。

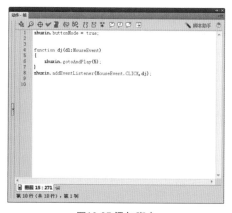
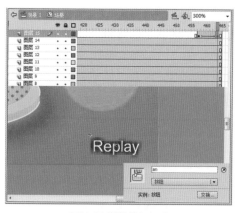

图10-27 添加脚本   图10-28 制作按钮运动

㉙ 新建图层，分别在第458帧、第465帧处插入空白关键。在第458帧处输入控制脚本，在第465帧处输入控制脚本"stop();"，如图10-29所示。

㉚ 新建图层，将库中的"声音"文件拖至舞台。然后执行"文件">"导出">"导出影片"命令，在"导出影片"对话框中，设置文件名为"生日快乐"，保存文件类型为

SWF格式。在源文件所在的文件夹中打开该文件,效果如图10-30所示。

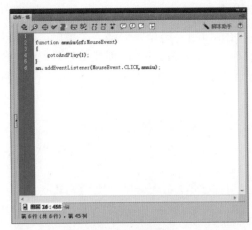

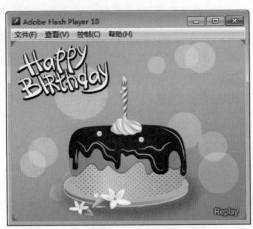

图10-29 添加脚本　　　　　　　　　　　　　　　图10-30 制作按钮运动

10.5.2　基础知识解析

1.测试影片的两种环境

通常情况下,在制作好Flash动画后,可以测试Flash作品,并且可以使用播放器预览影片效果。测试没有问题,则可以按要求发布影片,或者将影片导出为可供其他应用程序处理的数据。

（1）在编辑模式中测试

测试项目任务繁重,Flash编辑环境可能不是用户的首选测试环境,但是在编辑环境中确实能进行一些简单的测试,主要注意以下两点。

①可测试的内容

在Flash CS4中,在编辑环境中可以测试以下4种内容。

按钮状态:可以测试按钮在弹起、按下、触摸和单击状态下的外观。

主时间轴上的声音:播放时间轴时,可以试听放置在主时间轴上的声音(包括那些与舞台动画同步的声音)。

主时间轴上的帧动作:任何附在帧或按钮上的goto、Play和Stop动作都将在主时间轴上起作用。

主时间轴上的动画:对主时间轴上的动画(包括形状和动画过渡)起作用。这里说的是主时间轴,不包括影片剪辑或按钮元件所对应的时间轴。

②不可测试的内容

在Flash CS4中,在编辑环境中不可以测试以下4种内容。

影片剪辑:影片剪辑中的声音、动画和动作将不可见或不起作用。只有影片剪辑的第1帧才会出现在编辑环境中。

动作:goto、Play和Stop动作是唯一可以在编辑环境中操作的动作。也就是说,用户无法测试交互作用、鼠标事件或依赖其他动作的功能。

动画速度:Flash编辑环境中的重放速度比最终优化和导出的动画慢。

下载性能：无法在编辑环境中测试动画在Web上的流动或下载性能。

（2）在测试环境中测试

在编辑环境中的测试是有限的。要评估影片、动作脚本或其他重要的动画元素，必须在测试环境下进行测试。用户可以执行"控制">"测试影片"命令或者按"Ctrl+Enter"组合键进行测试。

在Flash中，通过测试影片，可以将影片完整地播放一次，通过直观地观看影片的效果来检测动画是否达到了设计的要求。

2.优化环境

由于Flash影片可以通过网络进行发布，因此用户在将影片发布到网络上时，应尽量减少影片所占用的空间，在输出动画时缩短影片的下载时间。

要优化影片，可以使用以下8种操作进行优化。

如果某个对象在影片中被多次使用，用户就可以将其制作为元件，然后在影片中调用该元件的实例，使文档的容量减少。

尽量使用补间来制作动画，因为补间动画所需要的关键帧比逐帧动画少得多，其容量也会相应地减小。

用户可以限制使用特殊的线条类型，如虚线、点线等，用户可以使用实线来代替。使用铅笔工具绘制的对象比使用刷子工具绘制的对象占用的容量少。

使用图层，将发生变化的对象与没有发生变化的对象分开。

执行"修改">"形状">"优化"命令，可以使对象在不失真的情况下，最大限度地减少用于描述图形轮廓的线条。

如果有音频文件，就应尽量使用压缩效果最好的MP3文件格式。

应尽量少地使用位图图像来制作动画，一般可以将其作为背景图像或者静态对象来使用。

用户可以将对象变成组合对象，以减少文档的空间。

（1）优化动画

在Flash中，优化动画时需要注意以下6点。

①如果某元素在影片中多次使用，就将其转换为元件，然后在文档中调用该元件的实例，这样在网上浏览时下载的数据就会减少。

②只要有可能，在动画中尽量避免使用逐帧动画，而使用补间动画代替逐帧动画，因为补间动画的数据量远远少于逐帧动画，动画帧数越多差别越明显。

③尽量避免使用位图做动画。

④用图层将动画播放过程中发生变化的元素与那些没有任何变化的元素分开。

⑤制作动画序列时，将其制作为影片剪辑元件，而不要制作为图形元件。

⑥如有音频文件，尽可能多地使用压缩效果最好的MP3格式的文件。

（2）优化元素和线条

在Flash中，优化元素和线条时需要注意以下4点。

①使用矢量线代替矢量色块图形，因为前者的数据量要少于后者。

②限制使用特殊类型的线条数量，如短划线、虚线和波浪线等。使用实线将使文件更小。

③减少矢量图形的形状复杂程度，如减少矢量色块图形边数或矢量曲线的折线数量。

④避免过多地使用位图等外部导入对象，否则动画中的位图素材会迅速使文件增大。

（3）优化文本

在Flash中，优化文本时需要注意以下两点。

①限制字体和字体样式的使用，过多地使用字体或字体样式，不但会增大文件的数据量，而且不利于作品风格的统一。

②在嵌入字体选项中，选择嵌入所需的字符，而不要选择嵌入整个字体。

（4）优化色彩

在Flash中，优化色彩时需要注意以下3点。

①在对作品影响不大的情况下，减少渐变色的使用，以单色替之。

②限制使用透明效果，它会降低影片播放时的速度。

③在创建实例的各种颜色效果时，应多使用实例的"颜色样式"功能。

动画的输出很简单，用户可以直接按"Ctrl＋Enter"组合键对动画进行实时发布输出。相对其他动画制作软件来讲，Flash的这一功能确实是很有优势的。

3.发布和预览影片

发布是Flash影片的一个独特功能，一个影片文件被出版后，在网络上有了版权保护，不论浏览者如何操作，都不会出现"下载"字样。因此，为了Flash作品的推广和传播，还需要将制作的Flash动画文件进行发布。

（1）发布为Flash文件

执行"文件"＞"发布设置"命令，打开"发布设置"对话框，然后单击"Flash"标签，如图10-31所示。其中，各选项的含义如下。

①图像和声音

控制位图压缩时，可以调整"JPEG品质"滑块或输入一个值。图像品质越低，生成的文件就越小；图像品质越高，生成的文件就越大。尝试不同的设置，以便确定在文件大小和图像品质之间的最佳平衡点；值为100时图像品质最佳，压缩比最小。

若要使高度压缩的JPEG图像显得更加平滑，则勾选"启用JPEG解块"复选框。此选项可减少由于JPEG压缩导致的典型失真。

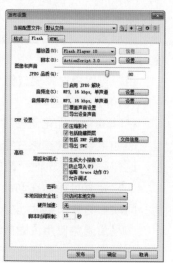

图10-31 发布设置（Flash）

若要为SWF文件中的所有声音流或事件声音设置采样率和压缩，则单击"音频流"或"音频事件"旁边的"设置"按钮，然后根据需要选择相应的选项。

若要覆盖在属性检查器的"声音"部分中为个别声音指定的设置，则勾选"覆盖声音设置"复选框。

若要导出适合于设备（包括移动设备）的声音而不是原始库声音，则勾选"导出设备声音"复选框。

②SWF设置

设置SWF时，可以选择下列任一选项。

压缩影片：默认值，压缩SWF文件，以减小文件大小和缩短下载时间。当文件包含大量文本或ActionScript时，使用此选项十分有益。经过压缩的文件只能在Flash Player 6或更高版本中播放。

包括隐藏图层：默认情况下，导出Flash文档中所有隐藏的图层。取消勾选"包含隐藏图层"复选框将阻止把生成的SWF文件中标记为隐藏的所有图层（包括嵌套在影片剪辑内的图层）导出。这样，用户就可以通过使图层不可见来轻松测试不同版本的Flash文档。

包括XMP元数据：默认情况下，将在"文件信息"对话框中导出输入的所有元数据。单击"文件信息"按钮打开此对话框。也可以通过执行"文件" > "文件信息"命令，打开"文件信息"对话框。

导出SWC：导出.swc文件，该文件用于分发组件。.swc文件包含一个编译剪辑、组件的ActionScript类文件，以及描述组件的其他文件。

③高级

若要使用高级设置或启用对已发布Flash SWF文件的调试操作，选择下列任一选项。

生成大小报告：生成一个报告，按文件列出最终Flash内容中的数据量。

防止导入：防止其他人导入 SWF 文件并将其转换回FLA文档，可使用密码来保护Flash SWF文件。

省略Trace动作：使Flash忽略当前SWF文件中的ActionScript trace语句。如果勾选此复选框，trace语句的信息将不会显示在"输出"面板中。

允许调试：激活调试器并允许远程调试Flash SWF文件，可让用户使用密码来保护SWF文件。如果使用的是ActionScript 2.0，并且勾选了"允许调试"或"防止导入"复选框，就在"密码"文本字段中输入密码。如果添加了密码，那么其他用户必须输入该密码才能调试或导入SWF文件。若要删除密码，清除"密码"文本字段即可。

本地回放安全性：在下拉列表中可以选择要使用的Flash安全模型，指定是授予已发布的SWF文件本地安全性访问权，还是网络安全性访问权。"只访问本地文件"可使已发布的SWF文件与本地系统上的文件和资源交互，但不能与网络上的文件和资源交互。"只访问网络文件"可使已发布的SWF文件与网络上的文件和资源交互，但不能与本地系统上的文件和资源交互。

硬件加速：若要使SWF文件能够使用硬件加速，可以从"硬件加速"下拉列表中选择下列选项之一。

"直接"模式通过允许Flash Player在屏幕上直接绘制，而不是让浏览器进行绘制，从而改善播放性能。

在"GPU"模式中，Flash Player利用图形卡的可用计算能力执行视频播放并对图层化图形进行复合。根据图形硬件的不同，将提供更高一级的性能优势。

如果播放系统的硬件能力不足以启用加速，那么Flash Player会自动恢复为正常绘制模式。若要使包含多个SWF文件的网页发挥最佳性能，则只对其中的一个SWF文件启用硬件加速。在测试影片模式下不使用硬件加速。

在发布SWF文件时，嵌入该文件的HTML文件包含一个wmode HTML参数。选择级别1或级别2硬件加速会将wmode HTML参数分别设置为direct或gpu。打开硬件加速会覆盖在"发布设置"对话框的HTML选项卡中选择的"窗口模式"设置，因为该设置也存储在HTML文件中的wmode参数中。

脚本时间限制：若要设置脚本在SWF文件中执行时可占用的最大时间量，可以在"脚本时间限制"中输入一个数值。Flash Player将取消执行超出此限制的任何脚本。

（2）发布为HTML文件

在"发布设置"对话框中，单击HTML标签，切换到HTML选项卡，如图10-32所示。其中，各选项的含义如下。

①尺寸

匹配影片：使用SWF文件的大小。

像素：输入宽度和高度的像素数量。

百分比：指定SWF文件所占浏览器窗口的百分比。

②回放

图10-32 发布设置（HTML）

开始时暂停：一直暂停播放SWF文件，直到用户单击按钮或从快捷菜单中选择"播放"后才开始播放。默认不勾选此复选框，即加载内容后就立即开始播放（PLAY参数设置为true）。

循环：内容到达最后一帧后再重复播放。取消勾选此复选框会使内容在到达最后一帧后停止播放。默认LOOP参数处于启用状态。

显示菜单：右键单击（Windows）或按住"Ctrl"键并单击（Macintosh）SWF文件时，会显示一个快捷菜单。若要在快捷菜单中只显示"关于Flash"，取消勾选此复选框。默认情况下，会选中此选项（MENU参数设置为true）。

设备字体：（仅限Windows）会用消除锯齿（边缘平滑）的系统字体替换用户系统尚未安装的字体。使用设备字体可使小号字体清晰易辨，并能减小SWF文件的容量。此选项只影响那些包含静态文本（创建SWF文件时创建且在内容显示时不会发生更改的文本）且文本设置为用设备字体显示的SWF文件。

③品质

低：使回放速度优先于外观，并且不使用消除锯齿功能。

自动降低：优先考虑速度，但是也会尽可能改善外观。回放开始时，消除锯齿功能处于关闭状态。如果Flash Player检测到处理器可以处理消除锯齿功能，就会自动打开该功能。

自动升高：在开始时是回放速度和外观两者并重，但是在必要时会牺牲外观来保证回放速度。回放开始时，消除锯齿功能处于打开状态。如果实际帧频降到指定帧频之下，就会关闭消除锯齿功能以提高回放速度。若要模拟"视图"＞"消除锯齿"设置，使用此设置。

中：会应用一些消除锯齿功能，但不会平滑位图。"中"选项生成的图像品质要高于"低"设置生成的图像品质，但低于"高"设置生成的图像品质。

高：默认值，使外观优先于回放速度，并始终使用消除锯齿功能。如果SWF文件不包含动画，就会对位图进行平滑处理；如果SWF文件包含动画，就不会对位图进行平滑处理。

最佳：提供最佳的显示品质，而不考虑回放速度。所有的输出都已消除锯齿，而且始终对位图进行光滑处理。

④窗口模式

窗口：默认值，不会在object和embed标签中嵌入任何窗口相关的属性。内容的背景不透明并使用HTML背景颜色。HTML代码无法呈现在Flash内容的上方或下方。

不透明无窗口：将Flash内容的背景设置为不透明，并遮蔽该内容下面的所有内容。使HTML内容显示在该内容的上方或上面。

透明无窗口：将Flash内容的背景设置为透明，使HTML内容显示在该内容的上方和下方。

⑤HTML对齐

默认值：使内容在浏览器窗口内居中显示，如果浏览器窗口小于应用程序，就会裁剪边缘。

左、右或上：将SWF文件与浏览器窗口的相应边缘对齐，并根据需要裁剪其余的三边。

⑥缩放

默认（显示全部）：在指定的区域显示整个文档，并且保持SWF文件的原始高宽比，而不发生扭曲。应用程序的两侧可能会显示边框。

无边框：对文档进行缩放以填充指定的区域，并保持SWF文件的原始高宽比，同时不会发生扭曲，并根据需要裁剪SWF文件边缘。

精确匹配：在指定区域显示整个文档，但不保持原始高宽比，因此可能会发生扭曲。

无缩放：禁止文档在调整Flash Player窗口大小时进行缩放。

（3）发布为EXE文件

在Flash中，通过发布影片，可以使用户的影片在没有安装Flash应用程序的计算机上播放。下面就以将"艺术网站片头.fla"文件发布为EXE放映文件为例，向用户介绍发布动画的方法，具体操作步骤如下。

01 执行"文件" > "打开"命令，打开"第10章\艺术网站片头\艺术网站片头.fla"素材文件，如图10-33所示。

02 执行"文件" > "发布设置"命令，打开"发布设置"对话框，如图10-34所示。

图10-33 打开素材文件

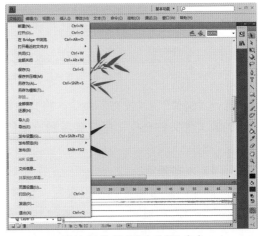

图10-34 执行"发布设置"命令

03 在"类型"选项区中，取消勾选"HTML（.html）"复选框，勾选"Windows放映文件（.exe）"复选框，如图10-35所示。

04 单击"选择发布目标"按钮 ，如图10-36所示，打开"选择发布目标"对话框。

图10-35 勾选"Windows放映文件（.exe）"　　图10-36 单击"选择发布目标"按钮

05 在"选择发布目标"对话框中设置保存路径以及文件名，然后单击"保存"按钮，如图10-37所示。

06 返回"发布设置"对话框，单击"确定"按钮，完成设置，如图10-38所示。

图10-37 设置路径和文件名　　　　　　图10-38 发布设置完成

07 执行"文件">"发布"命令，将文件按设置好的路径发布，如图10-39所示。在发布后的源文件文件夹中，用户会看到一个EXE文件，如图10-40所示。打开该文件即可预览发布的EXE文件。

　　（4）发布预览

　　对动画的发布格式进行设置后，还需要对动画格式进行预览。在Flash CS4中，执行"文件">"发布预览"命令，在弹出的子菜单（如图10-41）中选择一种要预览的文件格式即可在动画预览界面中看到该动画发布后的效果。

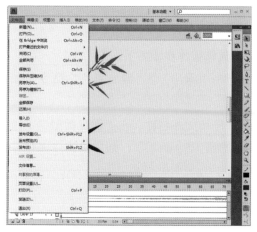

图10-39 执行"发布"命令　　　　　　　　图10-40 EXE文件

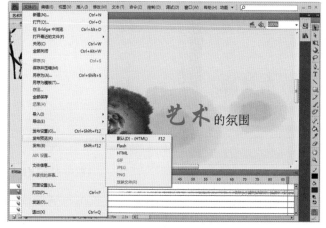

图10-41 发布预览

4.导出影片

对影片进行测试后，就可以导出影片了，在Flash中既可以导出整个影片的内容，也可以导出图像、声音文件。

（1）导出动画文件

在Flash中，可以将动画输出为包含动作和声音等全部内容的动画文件，其中SWF格式是在浏览网页时常见的具有交互功能的动画，而AVI格式是Windows的视频文件格式。用户可以执行"文件" > "导出" > "导出影片"命令。

（2）导出动画图像文件

在Flash中，有时需要将动画中的某个图像导出来存储为图像文件的格式，作为其他动画的素材。选择舞台中要导出的图像对象，执行"文件" > "导出" > "导出图像"命令，在打开的"导出图像"对话框中设置导出图像的格式，单击"保存"按钮，即可将图像导入到相应的位置。

将Flash图像保存为位图GIF、JPEG、PICT（Macintosh）或BMP（Windows）文件时，图像会丢失其矢量信息，仅以像素信息保存。可以在图像编辑器中编辑导出为位图的Flash

图像，但是不能再在基于矢量的绘画程序中进行编辑。

（3）导出声音文件

在Flash中，可以将动画中的声音单独导出，其具体操作步骤如下。

01 选取某帧或场景中要导出的声音，执行"文件"＞"导出"＞"导出影片"命令，如图10-42所示。

02 打开"导出影片"对话框，设置文件要导出的路径和文件名称，在"保存类型"下拉列表框中选择声音保存的类型，在此选择"WAV音频（*.wav）"，然后单击"保存"按钮，如图10-43所示。

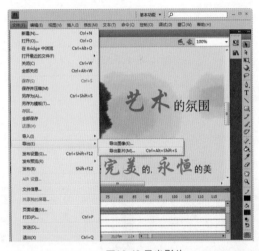

图10-42 导出影片

图10-43 设置路径和文件名

03 打开"导出Windows WAV"对话框，在"声音格式"下拉列表框中选择适当的格式类型，然后单击"确定"按钮，如图10-44所示。

04 完成声音的导出，打开源文件所在的文件夹，用户可以看到导出的名称为"艺术网站片头"的音频文件，如图10-45所示。

图10-44 选择声音格式类型

图10-45 导出的声音文件

10.6 能力拓展

10.6.1 触类旁通——教学课件的制作

01 新建一个文档，设置其宽度为550像素，高度为480像素，背景颜色为白色，如图10-46所示。将"图层1"命名为"底色"，在第70帧处插入关键帧，使用直线工具、选择工具绘制一个曲线图形并为其填充颜色，如图10-47所示。

图10-46 设置文档属性

图10-47 绘制图形

02 选择矩形工具，在曲线图形上方绘制矩形，然后打开"颜色"面板，设置其填充色，如图10-48所示。使用颜料桶工具为矩形上色，如图10-49所示。

图10-48 "颜色"面板

图10-49 填充颜色

03 将"岩石.jpg"导入到库，如图10-50所示。新建图层"岩石"，将素材图片拖至舞台适当位置。然后将其转换为影片剪辑元件"岩石"，并调整其Alpha值为"15%"，如图10-51所示。

图10-50 导入图片素材

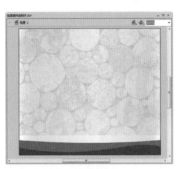

图10-51 设置Alpha值

04 新建影片剪辑元件"标题框"，使用直线工具、选择工具在编辑区中绘制一图形，如图10-52所示。接着使用颜料桶工具分别为其填充合适的渐变色，如图10-53所示。

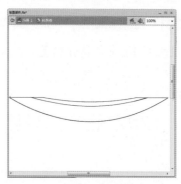

图10-52 绘制图形

图10-53 填充渐变色

05 新建图层"标题"，将"标题框"拖入舞台中合适的位置，如图10-54所示。使用文字工具，分别输入"火山"、"河流"、"湿地"、"盆地"，并分别转换为按钮元件，如图10-55所示。

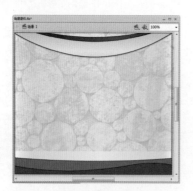

图10-54 拖入元件

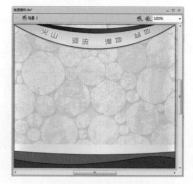

图10-55 输入文字

06 使用文字工具，分别输入"地"、"理"，并调整其位置、角度，如图10-56所示。然后依次将其转换为按钮元件，并添加阴影滤镜，如图10-57所示。

图10-56 输入文字

图10-57 添加滤镜效果

07 新建图层"内容框"，使用矩形工具、选择工具在编辑区中绘制一个图形，如图10-58所示。打开"颜色"面板，设置填充色，对所绘制的图形实施填充，如图10-59所示。

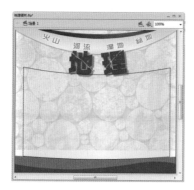
图10-58 绘制图形

图10-59 填充颜色

08 修改"内容框"的线条颜色,并删除左、右、下的线条,如图10-60所示。新建图层"内容",在第10帧、第25帧、第40帧、55帧处插入关键帧,并分别添加关于"火山"、"河流"、"湿地"、"盆地"的文字,如图10-61所示。

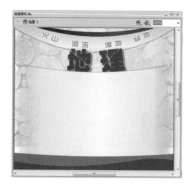
图10-60 设置线条颜色并删除线条

图10-61 添加文字

09 新建图层"模型",在第10帧、第25帧、第40帧、第55帧处插入关键帧。选择第10帧,使用绘图工具在舞台中绘制图形并将其组合,再复制2个图形,调整其位置、大小,如图10-62所示。最后对其填充颜色,如图10-63所示。

图10-62 绘制图形并组合

图10-63 填充颜色

10 将中间的火山图形转换为按钮元件"火山图",在第2帧处插入关键帧,将此帧图形转换为影片剪辑元件"火山动",如图10-64所示。新建"图层2",将其放在"图层1"下方,使用画笔工具,逐帧绘制火山喷发的动画,如图10-65所示。

图10-64 影片剪辑元件"火山动"　　　　图10-65 制作火山喷发的动画

⑪ 选择"模型"图层的第25帧，从中绘制一条河流并填充白色，如图10-66所示。然后将
其转换为按钮元件"河流图"。在第2帧处插入关键帧，将河流转换为影片剪辑元件
"水流"，返回"河流图"，复制粘贴该元件，并将其适当下移，如图10-67所示。

图10-66 绘制河流并填充颜色　　　　图10-67 复制粘贴元件

⑫ 进入"水流"元件，新建"图层2"，用逐帧动画制作水流出的效果，如图10-68所示。
新建"图层3"，在第25帧处插入关键帧，使用画笔工具画出水纹，并转换为影片剪辑
元件"水流动"。使用形状补间动画制作流动效果，如图10-69所示。

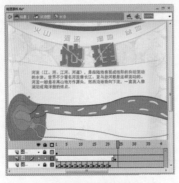

图10-68 制作水流出效果　　　　图10-69 制作流动效果

⑬ 选择"模型"图层的第40帧，使用绘图工具绘制湿地图形，如图10-70所示。将中间部
分填充白色，并转换为按钮元件"湿地图"，如图10-71所示。

图10-70 绘制图形

图10-71 转换为按钮元件

⑭ 在第2帧处插入关键帧，然后将其转换为影片剪辑元件"湿地水"，如图10-72所示。编辑"湿地水"元件，在第20帧处插入关键帧，在第85帧处插入帧，将第20帧的水颜色调成蓝色，在第1～20帧间创建形状补间动画，如图10-73所示。

图10-72 影片剪辑元件"湿地水"

图10-73 创建形状补间动画

⑮ 选择"模型"图层的第55帧，使用绘图工具在舞台中绘制图形，如图10-74所示。然后将其转换为按钮元件"盆地图"，如图10-75所示。

图10-74 绘制图形

图10-75 转换为按钮元件

⑯ 在第2帧处插入关键帧，使用绘图工具在舞台中绘制图形，如图10-76所示。然后将其转换为图形元件"盆地动"，再次转换为影片剪辑元件"盆地动2"，如图10-77所示。

⑰ 进入"盆地动2"元件，在第90帧处插入帧。单击第1帧，将"盆地动"上移，设置其Alpha值为0%，如图10-78所示。右击创建补间动画。选择第20帧，将"盆地动"移动

到原有位置，再设置其Alpha值为100%，如图10-79所示。

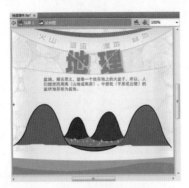

图10-76 绘制图形

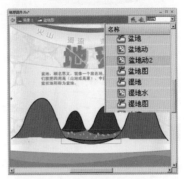

图10-77 转换为影片剪辑元件

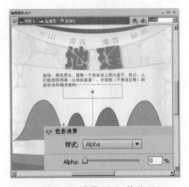

图10-78 设置Alpha值为0%

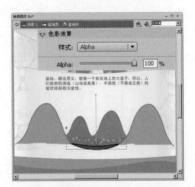

图10-79 设置Alpha值为100%

18 返回主场景，新建图层"声音"，将"背景音乐.mp3"导入到库，如图10-80所示。单击第1帧插入声音，将同步设置为"开始"和"循环"，如图10-81所示。

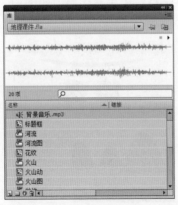

图10-80 导入背景音乐

图10-81 设置声音属性

19 新建图层"AS"，在第24帧、第39帧、第54帧、第70帧处插入关键帧，并分别添加脚本"stop();"。为"火山"、"河流"、"湿地"、"盆地"分别添加实例名称"hs"、"hl"、"sd"、"pd"。在第1帧处添加脚本，如图10-82所示。最后保存，按"Ctrl+Enter"组合键测试该课件，如图10-83所示。

图10-82 添加脚本

图10-83 测试动画

⑳ 执行"文件">"发布设置"命令，打开"发布设置"对话框，在"类型"选项区中，取消勾选"HTML（.html）"和"Flash（.swf）"复选框，勾选"Windows放映文件（.exe）"复选框，并设置发布路径，如图10-84所示。然后执行"文件">"发布"命令，如图10-85所示。即可将"地理课件的制作.fla"文件发布为EXE文件。

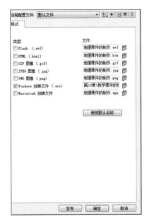

图10-84 发布设置

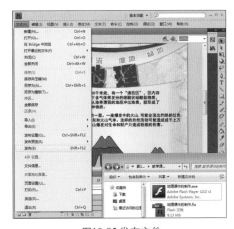

图10-85 发布文件

10.6.2 商业应用

　　在动画后期处理中，通常会对动画进行优化、测试、发布。优化的主要目的是减小动画体积，使其更易于传输和在线播放。测试主要是为了发现问题，以便于进行再次修改。发布时，可以发布为多种格式，如发布为EXE文件即可在任意一台计算机上观看。

　　Flash贺卡在生活中比较常见，随着网络的发展，Flash电子贺卡已经逐步替代了纸质贺卡，如图10-86所示的便是一款端午节贺卡。

图10-86 端午节贺卡

10.7　本章小结

通过本章的学习，用户对Flash影片后期处理有了一定的了解，熟悉了影片发布设置和优化的方法与技巧。

10.8　认证必备知识

单项选择题

（1）通常_____文件适合于导出线条图形，_____文件适合于导出含有大量渐变色和位图的图像。

A. PNG　JPEG

B. GIF　PNG

C. GIF　JPEG

D. JPEG　GIF

（2）执行"控制" > "测试影片"命令或"控制" > "测试场景"命令，打开Flash的测试环境观看动画，系统会自动生成与当前Flash文件同名的_____文件。

A.HTML

B.SWF

C.WAV

D.FLA

多项选择题

（1）选择"控制"菜单中的相应命令可以测试影片，以下命令不可以测试文档当前场景的是_____。

A.测试场景

B.测试影片

C.调试影片

D.播放

（2）在FLASH中，下面关于导入视频说法正确的有_____。

A.在导入视频片断时，用户可以将它嵌入到Flash电影中

B.用户可以将包含嵌入视频的电影发布为Flash动画

C.一些支持导入的视频文件不可以嵌入到Flash电影中

D.用户可以让嵌入的视频片断的帧频率同步匹配主电影的帧频率

判断题

（1）Flash发布的文件，无法在没有安装Flash插件的浏览器中播放。_____

（2）为了精简Flash文件，应慎用嵌入的字体。_____